Sudoku Genius

TOM SHELDON

Sudoku Genius

**144 of the Most Fiendish
Puzzles Ever Devised**

Ⓟ
A PLUME BOOK

PLUME
Published by Penguin Group
Penguin Group (USA) Inc., 375 Hudson Street, New York,
New York 10014, U.S.A.
Penguin Group (Canada), 90 Eglinton Avenue East, Suite 700, Toronto,
Ontario, Canada M4P 2Y3 (a division of Pearson Penguin Canada Inc.)
Penguin Books Ltd., 80 Strand, London WC2R 0RL, England
Penguin Ireland, 25 St. Stephen's Green, Dublin 2, Ireland
(a division of Penguin Books Ltd.)
Penguin Group (Australia), 250 Camberwell Road, Camberwell,
Victoria 3124, Australia (a division of Pearson Australia Group Pty. Ltd.)
Penguin Books India Pvt. Ltd., 11 Community Centre, Panchsheel Park,
New Delhi – 110 017, India
Penguin Books (NZ), cnr Airborne and Rosedale Roads, Albany,
Auckland 1310, New Zealand (a division of Pearson New Zealand Ltd.)
Penguin Books (South Africa) (Pty.) Ltd., 24 Sturdee Avenue, Rosebank,
Johannesburg 2196, South Africa

Penguin Books Ltd., Registered Offices: 80 Strand, London WC2R 0RL, England

Published by Plume, a member of Penguin Group (USA) Inc. This is an authorized
reprint of a book originally published by Hodder & Stoughton.

First American Printing, December 2005
1   2   3   4   5   6   7   8   9   10

 REGISTERED TRADEMARK—MARCA REGISTRADA

ISBN 0-452-28750-2

Printed in the United States of America

To Kate, for doing everything else while I was doing this.
Happy Birthday.

Contents

Introduction

If you are already interested in Sudoku, you are probably aware of its origins. Sudoku originated in the late 1970s under the name *Number Place*, published in a New York puzzle magazine. In the mid-1980s, it was taken up by a Japanese publisher and renamed *Suuji wa dokushin ni kagiru*, which literally translates as "that number is limited to only single." For obvious reasons this was reduced to Su Doku, which roughly means "single number."

But Sudoku really has nothing to do with numbers. It is a logic puzzle, pure and simple: There are nine squares in each region of a traditional Sudoku grid, and single-digit numbers are used because we have nine of them.

The beauty of Sudoku is that it is universal. Unlike crosswords, for which the solver needs to understand a written language—and which are particularly unsuitable for Japanese characters—Sudoku puzzles can be done by anyone, using only three rules, and without any specialist knowledge whatsoever.

A traditional Sudoku puzzle must follow these basic rules.

- It must consist of a 9x9 grid, split into nine smaller 3x3 boxes.
- Every row, column, and box in the solution must contain the numbers 1–9, each occurring once only.
- There must be only one possible solution.

Some numbers are already filled in for you (called **givens**). A good Sudoku puzzle should also have rotational symmetry, just like a crossword; in other words, if you turn it upside down, the pattern of these filled squares remains the same.

Most Sudoku books contain a series of puzzles graded from easy to difficult. This book is different: The puzzles are all difficult. The solver is taken through nine circles of Sudoku Hell, starting with Daunting puzzles, passing through Harrowing and Murderous, before ending with a single, Deadly puzzle. As the bar is raised, so is the level of satisfaction to be obtained from completing each puzzle. You'll think you've got the hang of it, only to be stumped on the next page. But isn't that why you bought this book?

Definitions

Every Sudoku solver uses their own names for the areas of a Sudoku grid. In this book, I will use the most common names for simplicity: A horizontal line of numbers is a **row**, a vertical one is a **column**, a single number goes in a **square**, and 3x3 squares make a **box**. To specify a particular square I will refer to it by its *x,y* coordinates: Starting in the top left of the grid, count along for x and then down for y.

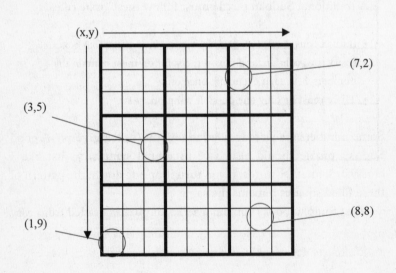

Essential Methods

You might already be a seasoned Sudoku solver, in which case the next section will already be familiar to you. Or you might be jumping in at the deep end with this book, so here I'll briefly describe the three fundamental logical methods that are bread and butter to the Sudoku Genius.

1. The Complete

This is the most obvious of Sudoku methods, and is usually the first one used by people when they are new to Sudoku. It simply states:

> If an empty square shares its row, column, and box with eight out of nine numbers, it must contain the remaining number.

As always, it's most easily shown by example.

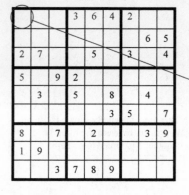

Look in the top row: The numbers 2, 3, 4, and 6 are present. The leftmost column contains 1, 2, 5, and 8, and the top left box contains 2 and 7. That means the only number remaining that can go in the top left square is 9: It completes the set.

The trouble is, it's slow. It means you need to inspect every row, column, and box just to have a chance of filling in a single square. Sudoku experts will quickly discover a much faster tool: the force.

2. The Force

This is the most useful and easiest method for making fast inroads into a puzzle. The trick is to use instances of a number already in the puzzle to *force* other squares to take that number as well. There are two variants of this: *Tram Lines*, where the lines run parallel to each other, and *Pincer*, where they are perpendicular. Two examples clearly show this in action:

Tram Lines

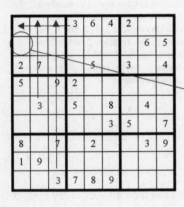

Look in the top left box. It needs a 6 somewhere, but the top row and middle row already have 6s, making tram lines across the grid. They leave only one square left: The 6 is forced to go here.

Pincer

This time, the empty square is caught in a pincer between the three 3s: Another 3 is forced to go here.

Why is the Force so quick and useful? Well, it is very easy to scan your eyes over the grid and pick out the numbers already there. If you can pick out arrangements of 1s, 2s, etc., mentally placing the lines as shown, it will often be only a matter of seconds before you are able to begin placing your first numbers—even in the hardest puzzles.

There is one more method to consider before the basics are complete:

3. Last Square Left

Every row and column must contain one of each of the numbers. But often, the surrounding squares can be ruled out, leaving just one square where a number must go.

Last Square Left

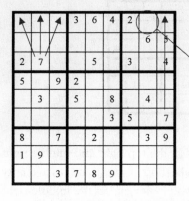

The top row has five empty squares, and one of them must contain a 7. But it cannot go in the three squares on the far left because of the 7 already in this box; nor can it go in the top right square because of the 7 already in this column. It can only go in the remaining position because it is the last square left.

Using this method can sometimes take a little time, as spotting where to mentally place the lines is not always straightforward. The Sudoku Genius will see that Last Square Left is essentially a variation on the Force, except that it helps you to fill rows and columns instead of boxes.

Expert Logic

In Essential Methods, we covered the essential three methods that will allow any easy puzzle to be quickly solved. But for harder puzzles, more subtle approaches are required in addition.

1. Channeling

Think back to the Force, described on page xii. Channeling is simply a more refined version, where the shape of rows and columns can be used to place a number just when you think you've run out of options. Look at this example:

	1	4	6		2	→	7	8
	7			3		6 ▲		9
	8			9	7	5		
1			7					→
	5						3	7
7					9			4
	6	1	2	7		8		
		7		6		1		
2			9		1	7		

Consider where a 1 may be placed in the top right and middle right boxes. At first glance, it looks like both boxes have two empty squares where a 1 may go. But if you look again at the middle right box, you'll see that both squares available to the 1 are in the same column! That means that the 1 in the top right box cannot go into this column as well—which leaves only one square where it can go (9,3). By considering what *might* happen in one box, we have formed a **channel** of 1s, and that has revealed what *must* happen in another box.

2. Partnerships

Unless you're thinking in partnerships, you're not really thinking in Sudoku. Partnerships are the keys that unlock the most difficult puzzles, and without them many of the puzzles in this book would be impossible without resorting to trial and error (more about that later).

In an ideal world, the Sudoku Genius would keep a pristine grid, only writing in a number when that number is a certainty. In practice, it doesn't work like that: Difficult puzzles invariably require that notes be kept on the options for each square. This is sometimes called **marking up** or **ghosting**. (If you never need to do this, I want to hear from you!) Most people do this by writing in tiny digits at the top of each square to show which numbers may go there. Look at the grid below. It has been partially completed, using a combination of *Force*, *Complete*, and *Last Square Left*.

	1	4	6	**5**	2		**7**	8
	7			3		6		
	8			9	7		5	
1			7	48	34568			
	5	9	48 **2**		468	1	3	**7**
7			358 **1**		9			4
	6	**1**	2	7			8	
	9	7		6			1	
2			9		1	7		

But the Essential Methods won't get you any further. So what next? Well, have a look at the middle box. Every number available to each square has been penciled in, and two squares share the numbers 4 and 8. So if one is 4, the other is 8—and vice versa. That means *no other* square in this box can be a 4 or an 8: The square at (6,5) must therefore contain a 6!

Using that 4,8 **pair** meant that another number has easily been filled in. In this case, the pair was located within a box; of course, if a pair is found in a row or a column the same rule would apply, and the paired numbers may be eliminated from all the other squares in that row or column.

A Pair is the most common sort of Partnership, and by penciling in options they can leap off the page. But there's no need to stop at pairs. There is a general rule at work here, and it is stated like this:

> If *n* squares share *n* numbers, and no others, then those numbers must go in those squares.

If that sounds complicated, it's not; think back to the pairs in the last example. We said that two squares shared two numbers (4 and 8), and no others: So those numbers must go in those squares.

3. Trios, Quads, Quins . . .
Look at the following example. For convenience, it shows a partially completed row of boxes taken from a real Sudoku grid, but the same would apply if those squares were found in the same column or the same box.

8	4,6,9	4,6,9	5	2,9	3,4,6,9	7	2,3	1
3	5	2	1,7,9	1,7,9	1,7,9	4	6	8
7	4,6	1	2,3,6	2,4,6	8	9	2,3	5

The trio 1,7,9 in the middle box means that those three numbers may not go anywhere else in that box. So the top middle square must be a 2.

A **quad** works in just the same way, only with 4 squares sharing 4 numbers. A **quin** is 5 numbers sharing 5 squares, and so on—all the way up to 9, which would be a completely empty row (pointless, in other words!).

Broken or Buried?

In the previous section we saw basic partnerships: where n squares each share the same n numbers. But there are a couple of subtle variations on this theme. Take the following example:

2	4	8	5,8,9	3	2,5	6	1	7
2,3,5,9	1	3,5	6	2,4	7	3,4,9	8	3,4,5,9
6	3,5,7,9	3,5,7,8	4,5,8,9	1	4,5	3,4,9	2	3,4,5,9

Look in the middle box. The trio of numbers **2,4,5** is shared exclusively between three squares, but in this case none of them actually owns the entire trio. It doesn't matter! No other squares in the box may have the numbers 2, 4, or 5.

The n numbers rule is the same, but in this case we say the trio is **broken**: It is still three squares sharing three numbers, but those numbers have been broken up and shared among the squares.

As always the same golden rule goes for quads, quins, etc. (a broken pair is impossible, if you think about it). But broken partnerships like this one can sometimes be tricky to spot.

With all the partnerships so far we have been able to use them to eliminate the partner numbers from all the other squares in their row, column, or box. But there is another kind: the **buried** partnership.

2,5,8,9 4	2,5,8	5,8 , 9 3	2,5	6	1	7
2,3,5,9 1	3,5	6	2,4 7	3,4,9	8	3,4,5,9
6	3,5,7,9 3,5,7,8	4,5,8 , 9 1	4,5	3,4,9	2	3,4,5,9

Look in the middle box again. The numbers 8 and 9 must go somewhere. But they may only be placed in *two* of the remaining squares: So if one is an 8, the other is a 9, and vice versa. In other words, those two squares *must* take the **8,9** pair, and no other square can. Just as (way back in Essential Methods) we covered Last Square Left, you might like to think of these being the **Last Two Squares Left** for the numbers 8 and 9. The difference here is that those two numbers were *buried* among other numbers, making them a little harder to spot.

Just as before, this **Buried Partnership** rule can be applied to trios, quads, and so on. The golden rule this time can be stated like this:

> If *n* numbers may only be placed in *n* squares, and
> no others, then *no other numbers* may
> go in those squares.

The main distinction between buried and non-buried partnerships is as follows. With a buried partnership, you can eliminate numbers from the partner squares themselves. With a non-buried partnership, you can eliminate numbers from the surrounding squares.

By the way, as you've probably noticed, the last two examples used the same grid. The methods used were different, but the result was the same. You'll find that in genius-level Sudoku, one kind of partnership often accompanies another in a row, column, or box. Most people find spotting one kind of partnership easier than the other.

Completing the Square

Finally we come to one of the neatest and most attractive pieces of Sudoku logic of them all. We've seen that one pair can be useful, but look at the following situation:

5,6	3	2,4,7,8	1,2,5	1,2,5,6	2,5,6,8	5,8	9	1,6,7
2,4,8	2,4,7	2,4,8	3	9	2,5,7,8	1,4,6	1,6,7	1,4,6,7
9	5,6	1	4,5,6,8	4,5,7,8	6,7,8	5,8	3	2

Notice that there are two pairs: one of 5,6, the other of 5,8. So in the left-hand box, no other square in the box may contain a 5 or a 6; and on the right, no other square in the column or box may contain a 5 or an 8. So far, straightforward. But what else does it tell you? Well, consider what happens when one of the 5s is placed. Wherever you choose to put a 5, the remaining three squares may immediately be filled in; and in every case, a 5 is forced to go to the right of the 9 in the middle box. Try it if you don't see it straightaway!

5,6	3	2,4,7,8	1,2,5	1,2,5,6	2,5,6,8	5,8	9	1,6,7
2,4,8	2,4,7	2,4,8	3	9	2,5,7,8	1,4,6	1,6,7	1,4,6,7
9	5,6	1	4,5,6,8	4,5,7,8	6,7,8	5,8	3	2

The reason is this: Because the two pairs share a number (5) and the same two rows, that number is effectively channeled out of those two rows in the middle box and has only one place left to go. But it's a particularly neat form of channeling because, although we have learned nothing about the two boxes containing the pairs themselves, a number has been placed in the box between them: Something has come from apparently nothing. Once again, this can work just as well with trios, quads, etc., providing a "square" can be drawn between the four instances of the same number. But even with pairs it can be a little hard to spot.

Only by applying a wide variety of these methods can all of the puzzles in *Sudoku Genius* be solved. And this isn't the end of it: There are others, though you will find they are often variations on the rules covered here. And, sometimes, as in the case of buried vs. non-buried partnerships, more than one method can be applied to reveal the logic hiding in the grid.

Being Clever

Everyone has their own way of tackling a Sudoku puzzle. It all depends on what you find easiest to spot. But to be able to scan a puzzle and quickly get a feel for the pattern of the numbers can get you off to a quick start and be very satisfying. Here are a few tips, but as usual this list is far from exhaustive!

- Start by applying the **Force**, starting with 1 and working up to 9. Imagine the forcing lines being drawn across the grid as on page xii and you'll almost always spot a quick opening.
- The most commonly occurring numbers are the ones most likely to **Force** other instances of that number in the grid. On the other hand, the *least* common number is the one that the puzzle needs the most of! So apply the **Complete** and **Last Square Left** to look for these numbers.
- Whenever you manage to fill in a number, focus on the row, column, and box that square belongs to. You have just changed the shape of the puzzle in those areas, and might have opened new doors to the solution.
- Eventually, in a difficult puzzle, you will reach a point where you have to start making notes on the remaining options for each square. Applying **Last Square Left** often reveals partnerships very quickly, so make a note of these as they arise.
- Whenever you complete all nine instances of one number in a grid, make a note of it. You won't need to look for this number again in the puzzle, and that sort of information will make for efficient solving.
- Whenever you pencil in the options for a square, make sure those options are complete by going through the numbers 1 to 9 and marking in every permitted number. Never leave a square half-marked up! This is how most people make mistakes.

Trial and Error

The issue of whether to use trial and error—that is, penciling in a number before you're sure of it, and waiting to be proved right or wrong—has, interestingly, split the Sudoku community down the middle.

FOR
Provided a Sudoku puzzle only has one solution, it is your job to find it: It doesn't matter how you get there!

VS.

AGAINST
If you can only get to the solution by guesswork, it takes all the logic out!

The truth, as always, is somewhere in the middle. True, if a Sudoku puzzle only has one solution—as they all should—then a Sudoku expert should be able to solve it using whichever methods are necessary. On the other hand, a puzzle that requires you to guess a number when the grid is still half empty, and not discover your mistake until right at the end, is beyond the logic of even the Sudoku Genius without resort to an eraser: There's just too much information to hold in mind.

Personally, I feel a bit cheated when I have to resort to blindly writing in a number and seeing what happens. But this makes a big assumption: that when the point is reached where none of the usual logical rules may be applied, your only option is to take a wild guess at which number to put in which square. **This is not always the case.** There are certain rules of thumb (known to the Sudoku Genius as *heuristics*) that may be applied:

1. Start with the squares that may only take two numbers. This way you limit yourself to two options: One of them is right, and the other is wrong.

2. Look at the numbers allowed in these squares. There will almost always be one or two numbers that are common to many of them. Pick one of these.

3. Look at the positioning of all the remaining squares. Pick a square that you can see will immediately allow several other squares to be completed with minimum effort.

4. Make a circular **Trail** between the squares until they lead you to an **Error**. Perhaps "Trail and Error" sums up the procedure more accurately. This system can be called "Trail and Error" or "Trailing."

This approach requires you to hold a few pieces of information in your head at once. In fact it's better if you do, because the Sudoku Genius does not make mistakes, and why resort to erasing when logic may be applied instead? Consider this example:

2	3	8	7	1	9	6	5	4
4,7	9	6	2	4,8	5	1	3	7,8
5	4,7	1	3	4,8	6	7,8	9	2
1	2	4	6	3	7	9	8	5
9	8	3	4	5	1	2	7	6
6	5	7	8	9	2	3	4	1
3	6	2	5	7	8	4	1	9
7,8	1	5	9	2	4	7,8	6	3
4,7,8	4,7	9	1	6	3	5	2	7,8

There are eleven empty squares, but one of them (in the bottom left) has three to choose from, so it is best left alone. Of the remainder, there are only three numbers available: 4, 7, and 8. Four occurs 5 times, 7 occurs 8 times, and 8 occurs 7 times. So start by placing the number 7 somewhere.

But where? That is a matter of judgment, and there is no right answer as to where to start. But with practice, the Sudoku Genius will home in on the best places. In this case, take the square at position (7,3): It will immediately allow several other squares to be filled in. Now consider what will happen if a 7 is placed there:

2	3	8	7	1	9	6	5	4
4,7	9	6	4,8 2	5	1	3	7,8	
5	4,7	1	3	4,8	6	7,8	9	2
1	2	4	6	3	7	9	8	5
9	8	3	4	5	1	2	7	6
6	5	7	8	9	2	3	4	1
3	6	2	5	7	8	4	1	9
7,8	1	5	9	2	4	7,8	6	3
4,7,8	4,7	9	1	6	3	5	2	7,8

Following the trail to the right from the starting square, we see that an 8 may immediately be placed in position (7,8). But follow the trail left and we see that a 4 must be placed, which results in a 7 being placed, and finally an 8 in row 8. We now have two 8s in this row: By creating a trail that leads us full circle, an impossible situation has been reached. The initial 7 must have been wrong; therefore an 8 can be placed in square (7,3) with confidence.

Put in simple English, the following statement may be made:

> If square (7,3) is a 7, a situation is quickly reached where row 8 must contain two 8s.
>
> Therefore square (7,3) is not a 7. It must be an 8.

By choosing the square and the number to be placed with an expert eye, a simple trail has been drawn that links just five squares and clearly shows there is only one acceptable path to take. Now go back to the first diagram (the one without the marked trail) and draw it mentally. It might help to say as you go "if this is a 7, then that's a 4, then that's a 7" and so on, to keep the logic fixed in mind.

Of course, you could start with any remaining square and mentally take yourself to a correct conclusion. But by applying the heuristics you'll get there faster; maybe in the example above you can find an even more efficient trail to take. And of course, you might pick the right number straightaway, in which case you won't reach a contradiction at all. So it's worth choosing your square and mentally applying both possible options if the first one doesn't rapidly throw up a contradiction.

I hope you agree that is far from guesswork: It's completely, and in my opinion very elegantly, *logical*. The point, of course, is this: Any puzzle may be solved using trial and error, and its difficulty will be measured by nothing more than the luck of the solver; but where's the satisfaction in that? For this reason I would advise against ever writing in a number without being sure it is the correct one. In this book, all of the puzzles requiring Trailing, as described above, can be solved mentally as described above, and luck plays no part. For those purists whom I still haven't convinced, there is a list on page xxviii of the puzzles in this book that require Trailing. But I urge you to try at least one of them, as not only does it introduce a whole new method of working, but also it pushes your powers of reasoning to the limit and is one of the most satisfying Sudoku procedures to get right!

Sudoku Myths

- *Trial and Error is not logic.*
  I hope I've convinced you on this point already.

- *You have to be good at math to do Sudoku.*
  Sudoku has nothing whatsoever to do with math. The numbers could be substituted for letters, colors, musical notes: I have even seen one featuring nine different pictures of a hamster. Numbers are easier to draw though.

- *The puzzles with the fewest squares already filled in are the hardest.*
  As a general rule, this is often true. But an easy puzzle may have many squares remaining, all of which are straightforward to complete. And a difficult one might look easy to begin with but be very slow to get started on.

- *Difficult is difficult.*
  What makes a puzzle hard? There's no definitive answer to this. A difficult puzzle might have few options open to the solver at each step of the way; it might reach a bottleneck where one key piece of logic must be applied to unlock the grid; or it might simply require that a variety of logical methods be applied to reach the solution.

Everyone has their own approach to Sudoku, and a puzzle that has one solver stumped for over an hour will be polished off by another in twenty minutes. In this book you will probably find examples of both. But by the end, you will have had such a full mental workout that no puzzle will ever have you beaten again. You'll be a Sudoku Genius.

Note on Trailing

The following puzzles require Trailing. In parentheses is the number of empty squares that will remain at the point when Trailing is needed.

The Nine Circles
of Sudoku Hell

The First Circle
Daunting

				1		6		
2						5	7	
	6				5		1	
					7		5	
8			2		1			9
	4		6					
	5		4				6	
	1	7						2
		4		3				

	9		4			3		
		4	5				6	
	6	1	3		7	5		
	5		8					
			6		5			
					2		8	
		8	9		4	7	2	
	3				6	8		
		2			3		5	

	6		4					
			2		6	4	1	
						6	8	
	8					2	9	
		6		5		3		
	2	1					5	
	1	9						
	4	2	6		9			
					7		4	

2		7				5		
3	9				7		1	
		5	1		2	7		
4	8	1				3		
		9				4	6	8
		2	3		6	1		
	5		4				7	6
		4				2		3

		3	9			8		
					4			3
		6					2	1
6								4
			5	7	9			
3								9
1	3					7		
7			3					
		5			2	9		

		9						
5	4		9				6	
		6	4	1				5
		1			9	2		
				3				
		7	1			6		
7				5	8	4		
	9				2		3	1
						7		

	2		3					
	4				8	6		
7				2	5			
						2	4	7
	6						8	
4	9	5						
			7	6				8
		1	2				6	
					1		2	

4								9
		8		6		2	5	
	1	5						
					4			
7		1	3		2	8		5
			6					
						4	3	
	8	3		1		9		
9								7

6						7		
2	5			3				6
3			9			5		
2		5	3			1		
			7		2			
		8			6	9		3
		9			1			4
7				5			1	
		4						7

	6	4		3	2			
				7				
1			4		5	7		
2	7					3		
			3		9			
		9					4	6
		8	5		6			3
				8				
			9	2		8	1	

			6					2
					9		4	1
					7	5		
	9			7	3	8		
2		7				1		9
		4	9	8			6	
		1	5					
9	6		2					
3					1			

	2		1	3	7	8		
1	7	8						
	9		5					
	3	2		5				
8								9
				4		5	2	
					3		6	
						2	8	5
		6	9	2	5		3	

5				2		4		8
	8	2		1				
		3	6					1
		8	4				9	
	5				6	3		
9					2	8		
				6		7	4	
7		5		9				6

			5			2		
	3	8		6				7
		1		8		5		
		6	7					9
	8						2	
4					8	6		
		5		1		3		
6				4		1	8	
		9			2			

		8	5			6		
2	3				8		4	
		6		7				
	1	7						
5	2						6	8
						2	3	
				3		1		
	7		6				5	9
		4			1	8		

				3	6	8		9
		1						4
8							5	6
	6							7
			5		2			
4							3	
1	9							2
7						4		
5		2	7	9				

			5			8	7	
	3		6	8				
4			2	3				
						3	2	
3	2						4	7
	5	4						
				5	3			2
				7	6		9	
	7	9			2			

				3		6		
2		8	5					
3	6			2		5		
					7			9
	1						8	
4			2					
		9		4			6	3
					8	1		4
		6		7				

					1			
				5	6			8
4	7					5	1	
6			3					1
9	1		2		5		8	4
5					8			7
	6	4					2	5
7			4	2				
			5					

	2	9			3			4
	1					8	7	
		6		1				9
		7		9				
1								3
				4		9		
6				8		1		
	8	1					9	
9			2			3	5	

	6				8			
5	9							8
		1	5	2		9		
4				6		2		1
			8		5			
7		6		3				9
		5		7	3	4		
1							3	2
			4				9	

	6			8			3	
4			1				7	
					2		9	
1						3		
2	8	7				1	4	5
		5						7
	4		6					
	2				5			6
	1			3			5	

	8	3	6					
	4	9	2					1
				8			7	
	5			6	2			4
		6				9		
8			7	1			3	
	2			3				
6					7	1	2	
					6	5	9	

6			8	2				1
3		2			4			
		8					4	
							1	8
	8	1	4		5	7	9	
5	6							
	3					4		
			7			1		3
8				1	2			9

8			5		7	3		
4	7			2				
	5		3					6
						6	8	
	3	2						
6					4		1	
				7			4	9
		4	1		8			3

	8			4				3
6					2			8
3	2		8					
	1		7				8	9
		3				5		
8	5				9		3	
					6		4	2
7			9					1
4				3			9	

7			9				6	4
		5	7			2		
					5		7	
8		4		1	3			
	2						5	
			2	4		3		1
	6		8					
		8			9	6		
9	5				6			2

			6		1	8	3	
8			3	7				
					8	7		
5	8	4				1		
		6				2		
		9				4	6	8
		1	8					
				9	4			7
	3	5	2		7			

		5		3	9			8
					8		7	
	9		2	7				
6						4		
7	2	9				8	3	6
		8						5
				9	1		2	
	4		7					
3			8	2		9		

	6		2	3				5
		3			8	7		
4		5						
				9			8	
	9	2				4	5	
	3			1				
						5		4
		8	9			6		
7				2	6		9	

	5		4					
1				2		9	6	
		8						
9					6	4	8	
	6	3				1	9	
	4	1	9					3
						8		
	9	2		6				5
					7		3	

The Second Circle
Tortuous

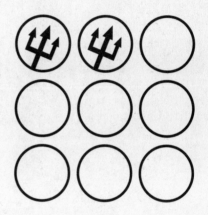

		1						3
	5				6		7	
	8		4	3			5	
		6						9
		5	2		7	8		
9						3		
	6			5	3		9	
	4		6				8	
5						2		

		7	2					
			8		6	3		5
								4
	3			2				6
			5		8			
4				1			2	
7								
8		5	9		4			
					7	6		

	4				2	6		
2	5			3				8
	3				8	1		
		5			7	8		
	7						5	
		2	4			9		
		9	3				6	
6				7			9	4
		4	6				8	

		7		9			2	
				3	5	8		
8			4			1		
							4	6
4								2
6	9							
		2			7			3
		4	3	6				
	7			1		6		

1	2					5		
	5				6			
			9				4	
2	7					1		
			6		3			
		4					6	8
	3				2			
			4				7	
		8					9	5

			2		8	4	1	
	5						2	
4					1			
	7	1	6			3		
				9				
		6			2	5	8	
			8					4
	3						6	
	2	5	1		7			

	5	6		8	9			
1		3				6		
					2			1
9					1	5		
	4						3	
		7	3					8
3			7					
		1				3		5
			9	4		2	1	

	3	1						8
			5					
2	5				3	4		
8				6	1	3		
5			3		7			1
		2	4	5				7
		8	9				4	2
					6			
4						1	6	

			5	9				2
					1			3
	6				2		4	
					7		8	
	2	4		8		3	7	
	8		2					
	1		6				2	
6			3					
7				5	8			

	9	1	7			2		
3					4			
							1	5
7			9			5		
		8	4		6	7		
		6			5			1
8	5							
			3					8
		2			7	4	9	

2	6				3			
8			5	6				
	3		1			8		
			6	4				
6		4				9		7
				7	9			
		7			6		1	
				3	8			2
			2				9	5

			7			8		
	8	2	4					
		6		3		2	5	
2	3						1	
		8				3		
	4						8	9
	7	9		1		5		
					5	9	2	
		1			4			

				8	9			
		2			1	3		
	1		2	7				
8	4					2		
9		1				5		6
		3					9	8
				2	7		3	
		7	4			6		
			5	1				

				3			2	6
		1						7
	9			7				
	7	3			4			1
4			8		3			5
1			5			4	3	
				4			8	
9						7		
7	6			9				

2		6			7	4	3	
5		7	4	1				
			6					
3	1							2
7							1	8
					4			
				5	2	3		9
	7	5	8			6		4

		7		3			8	
9		1				4		6
		2	6					
	2	4						9
			1		3			
7						6	5	
					6	3		
2		3				8		7
	5			2		9		

2					5			4
				2			6	
	7	5	3		8	2		
5	1		8			6		
		4			1		3	7
		6	2		9	1	8	
	5			3				
1			7					6

4	7		1					3
		2	4		3		5	
				9				
		4			9			1
		8				7		
1			5			2		
				6				
	8		7		5	6		
6					1		2	9

			3		4			
			6	8	2	1	4	
3	6							2
	3	7						
			8		7			
						9	5	
5							7	4
	8	2	7	4	3			
			1		9			

			2		3			
4	8			5				
	1	2						
	3	6			2			5
	9	4				2	7	
5			6			4	9	
						1	2	
				3			6	9
			7		6			

					3	4		2
			4		6	7		
	1	4			2			5
						8	2	
	9						5	
	5	1						
4			2			3	9	
		8	6		4			
1		3	8					

			5		2			
8							2	
3		1						7
		7	2			4		3
			9		6			
1		3			4	6		
2						5		4
	7							9
			3		7			

4					8	2		3
	1			6				
		7	3					
9		1	5					
		8	6		4	5		
					3	7		9
					5	9		
				4			2	
7		5	2					8

			1		9	2		4
	5		8					7
	2			3				
3	8							
	9						4	
							7	6
				4			5	
6					8		2	
4		5	6		3			

				1			3	
						8		7
			9		8			6
	8			6		4		
	3		7		9		8	
		2		4			9	
7			5		2			
9		6						
	5			3				

	7				3	8		
				9				7
			2			5	4	
	6	2			8		3	9
	4						8	
7	8		9			4	1	
	2	8			4			
4				2				
		9	3				2	

				1		5	7	
				4				6
	3		2			9		
	4					7		
		5	4	6	2	1		
		1					2	
		8			5		3	
3				2				
	1	7		9				

The Third Circle
Merciless

					2		6	
			9	1				
	9	8					5	
		5		7	8			6
7			1		3			5
8			4	5		3		
	1					5	4	
				4	5			
	3		8					

					5		6	
		7	8		2		5	
3				6				1
		8	5					
		6				1		
					7	5		
2				1				9
	9		7		6	8		
	8		3					

	2	5	6					1
			1	5			8	
	7					2		
		3	5	9			7	
	5			7	4	6		
		2					4	
	9			3	8			
8					5	1	9	

4					8		5	
					3	9	8	
							6	
	7	1			9			
3				8				6
			5			2	3	
	6							
	5	7	2					
	8		1					5

8					1			3	
	7	9							
			4			9	5	6	
		5	2					7	1
	2							5	
7	6					8	2		
	4	8	3			7			
							4	2	
	3			9					5

			9	3				
						6	9	7
		9		4				5
	3					8	4	
9								1
	4	2					5	
4				5		3		
6	2	5						
				9	1			

8			5			3		2
				7		4		8
	9							
6				1	2	5		9
				8				
9		3	6	5				1
							2	
5		8		4				
1		9			7			4

					9	3		6
	9	8	1	4	6	2	7	
				3				
		9				6		
	5						1	
		1				7		
				7				
	8	7	4	6	5	9	2	
5		3	8					

8	3							
9				3		6		
6		7			1		3	
				5	9			3
		4				7		
5			8	7				
	9		2			3		1
		2		9				6
							2	4

7	4			8			5	
5		1						
	2				7	4		
1					9		2	
		6	5		4	3		
	7		3					8
		7	2				3	
						8		2
	5			4			1	9

					4			
6	5				7			
	7	2	8			9		
2	9							1
		7	6		3	2		
1							8	4
		9			6	5	3	
			1				9	7
			2					

9				8			6	
		2	3	6			1	
8	6	4	5					
	9							4
		3				5		
7							8	
					7	8	9	1
	8			1	6	7		
	1			5				6

7	6						9	
				6	4	5		
			8					
8		2		5	3	9		
6								5
		9	2	7		4		8
					5			
		3	1	4				
	9						7	2

	7	8		4				
	5					7		
			6		7	2		
1	6				9			
9								4
			1				9	3
		1	9		8			
		3					5	
				7		1	8	

		2	8					
	7		5					6
				4	6	1		
	3	6					4	1
1								5
5	2					7	3	
		9	4	2				
8					3		6	
					9	3		

			1				8	9
	7		8					2
	6			5		4		7
					1			
	9	5				1	2	
			5					
4		1		6			9	
6					4		7	
7	8				3			

	9							
8			3				7	
5					9	4		1
			6			5		
4		8		1		2		9
		5			2			
2		7	1					6
	6				4			7
							2	

8					3			
4	2						8	
				6			1	3
		7	5					
	9						2	
					4	3		
1	7			8				
	8						5	4
			1					9

			9				2	
8								7
	5	9			6			
		7	5					3
	9						8	
2					8	6		
			4			8	1	
6								2
	7				5			

		2	3				6	7
7				6				1
				2		9		
	9		2			5		4
4								2
1		8			6		7	
		3		4				
5				8				6
2	6				5	7		

	6	4					9	
	7	8	4					
2			7					3
	5				3	1		
		9	5		1	7		
		2	9				8	
9					4			1
					2	9	5	
	8					3	2	

	5		9				2	
3	1						8	
6			3					
		6	1	2	4			
4								2
			6	3	9	7		
					7			8
	8						7	9
	4				8		1	

90

2		7			3		8	
	5			9				6
								9
	4		2					
		8	5		1	6		
					4		3	
4								
5				7			2	
	3		9			4		5

	4	2		3				
			4			5		
		8	9					2
5		6			4			8
1			6			9		4
9					8	4		
		7			1			
				2		7	1	

The Fourth Circle
Harrowing

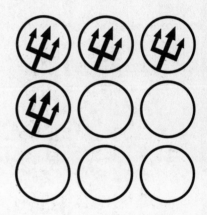

		8		9	4	5		
3			5	7			1	
	2				1		9	6
6				8				3
9	1		2				8	
	5			6	9			8
		9	7	2		6		

	3				8	1		
		5		2				
2								6
8					3		9	
6		2				8		1
	5		4					7
7								4
				3		9		
		4	8				2	

				1			2	9
8		2						6
					5	8		
5			1					4
		4		2		3		
6					9			7
		6	4					
9						7		1
1	7			8				

2				3	9	8		
		3		1	7	5		
	1	9						
9								3
			8		1			
4								6
						1	4	
		5	1	9		3		
		7	3	2				5

A Sudoku puzzle grid:

		5	7					
8				9			6	
1	9	4		3				
9		8					1	
6								2
	1					9		5
				5		2	7	3
	3			1				6
					4	1		

8							9	
		9		5			2	3
			7		3			4
	8		2		1			
6								8
			6		5		3	
1			5		4			
5	7			6		1		
	3							2

	8				1			4
				9				
	3					5		7
8			2					5
7		6				2		8
4					3			6
5		7					4	
				6				
2			4				6	

7	6	8			9		2	
				5				
3			6					
5		9	7			3		
6								7
		7			3	1		4
					8			6
				4				
	5		3			7	1	9

	1	9						
7							2	6
		5	7		4			
				2			4	9
		2	4		9	8		
3	9			6				
			5		1	7		
9	2							1
						6	8	

		9	2			5		
			5					3
				6	7			4
1					9		3	7
		7				8		
6	8		7					1
4			8	1				
2					3			
		8			2	6		

4	2		7		5			9
	5						7	
6		7				3		
			2					
		2	3		4	1		
					7			
		9				5		8
	7						6	
5			6		2		4	1

	5		9	8	2		1	
		1			4			
				5			7	8
						8	5	
	3		8		1		9	
	8	6						
6	2			9				
			4			5		
	4		6	2	8		3	

8					6		7	
			5	8	7	2		
1								6
					2	8		9
		8				6		
5		4	8					
3								8
		6	4	1	9			
	5		7					2

	8						9	
7	4				9	6		
1				3	5			
5		2		8		3		
		4		6		2		9
			7	4				5
		7	2				6	1
	9						7	

9					4	6		
							7	4
			2			9		
			8			7	9	
3		7				2		5
	2	8			5			
		9			1			
4	8							
		5	6					1

9	5		7		4		2	
2		4		5				6
8			5	7		2		
	2						6	
		7		1	2			8
7				4		1		9
	4		9		3		5	2

			9					
4		6	8		7			
1		8				6		
		4		7	8			1
	7						4	
6			3	2		7		
		3				2		5
			5		6	1		4
					2			

		8	2					
		2			3		8	
9				7	5		6	
6								
	7		3		1		2	
								1
	5		1	8				4
	8		5			1		
					7	9		

2			7			3		
7	8			1				2
			3					
		6					8	
3	9			8			5	4
	2					7		
					5			
9				4			1	6
		4			3			8

		3	7					
8	4				6		1	
	1	5	4	9				
9		8						
	3		2		9		7	
						9		3
				5	7	1	8	
	6		9				2	7
					2	4		

The Fifth Circle
Horrific

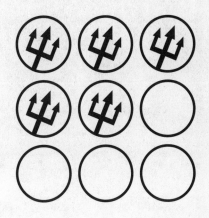

1								
			6		9			5
		3			2			9
			2	7			4	
7		5	9		4	8		3
	4			8	6			
2			3			7		
9			4		7			
								6

9						1		
		6			5			
7			4	3				9
2			5		4			
4				1				3
			7		3			1
5				2	6			8
			9			5		
		7						6

		9			8	2		1
								4
	2		3		6		8	
		2			3	5		
	5						2	
		8	6			9		
	8		4		9		6	
5								
3		6	1			4		

		3		1	4			
			6	5				
4	2				3		6	
		2				7		6
8								5
3		9				8		
	3		9				5	7
				3	8			
			7	6		2		

				1	7		6	9
9		7	3	8				1
			2					
	6				5			
7		8				1		6
			7				5	
					3			
4				9	2	3		7
2	7		6	4				

		6					1	
	9		5	3				
	4				2			5
		9		8	7		5	
		7				6		
	3		4	2		1		
2			7				4	
				4	3		6	
	5					8		

	9					7	3	4
				1				
7		3			4			
		8					5	3
		1	4		6	2		
3	2					4		
			9			5		1
				6				
8	6	4					2	

2			6				4	
	8				7			
				9	1	5		
		6			9	1		2
4		8	2			3		
		7	9	1				
			5				3	
	9				6			1

	5							1
			5			2	9	8
		9	3			5	7	
		5	2					
4								2
					8	7		
	6	2			4	3		
8	3	1			6			
9							1	

6		9						
			4	9			3	
		2			5		4	
8				7			6	5
			6		9			
9	7			5				2
	9		7			5		
	6			3	1			
						4		3

		7			9			
	4						9	3
9			8		5		6	4
	2		5					6
		1				9		
5					6		4	
1	8		2		3			7
4	5						3	
			4			6		

6		5					8	
3			2			4		9
			8	1				
		6		5	8			
	5						9	
			7	4		5		
				2	7			
4		2			3			6
	9					1		2

	9	2	6					
8				5				
			7	3		4		
	5					1		3
	6						5	
4		8					7	
		6		8	4			
				7				1
					3	6	9	

			2		3		9	
5		3	7		9	6		
7				6				
4					8	1		3
1		7	5					6
				4				2
		5	8		7	3		9
	1		9		6			

3	4			1		8	5	
		8						
5			4					6
8	9			3			6	
	3			5			9	1
6					7			5
						3		
	5	9		8			7	2

		8			4			
6	9	3		8				
	7						3	
					2			4
	2	5		3		6	9	
7			6					
	8						2	
				1		4	8	7
			5			1		

The Sixth Circle
Maddening

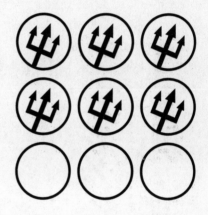

9		5	7					8
	7			8				
		2			4		7	
2		6		7				
			8		1			
				5		9		4
	1		6			5		
				1			9	
6					7	4		1

8		5	2			3		
2	7			4				
9								8
1			7					
	9		3		8		6	
					2			3
5								9
				6			2	5
		9			7	1		4

	3	7	2		9			5
			4			3		
4							1	
	7			4	1	6		
			6		2			
		9	5	7			4	
	6							2
		8			5			
1			8		7	5	9	

				6				4
5	4	1	3					
	9				7			
	2			7			3	
9			6	5	2			8
	7			8			6	
			8				5	
					6	9	8	1
7				3				

4			6	8				7
	1		3					
	3				4		6	5
	4						7	1
8								3
1	7						8	
3	9		8				2	
					7		3	
5				2	3			9

4								
			3	5		2		
7		8	1	4				
		6	9				1	
	1						9	
	2				4	8		
				2	1	5		7
		7		3	9			
								4

		1	6	9				
					2	1		
5	8		7	3				4
			5					3
	3	5				7	9	
2					9			
3				5	6		4	7
		9	8					
				4	3	8		

		4				1		
	1		9		4		6	3
				5				
			5				4	
	3		8		6		2	
	2				7			
				3				
6	8		4		2		1	
		1				7		

				3				1
	5							7
9				8	6	2		
	4				5			9
1	9						2	3
7			6				5	
		7	4	5				6
5							9	
8				6				

	5	3					8	
		7	2			9		
6				9			4	
	7		5					3
			8		4			
4					3		5	
	6			4				8
		8			1	7		
	1					6	9	

		3			4	8		
				7	5			1
	5				1		6	
9			4					
6		2				3		5
					2			9
	4		2				8	
8			7	5				
		7	6			5		

	2	3		7		4	1	6
			3			7	5	
		5	1			2		4
			6		3			
8		1			4	3		
	9	4			6			
6	1	7		5		9	3	

The Seventh Circle
Murderous

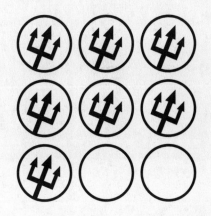

						7		
				4	7	9		
			6	2	3			4
	9	7		5			2	
5								9
	4			3		1	5	
7			5	9	4			
		2	8	1				
		8						

	4						3	
5			9					
2				4	8		5	6
		4						2
	8	2		1		5	4	
3						6		
6	5		1	3				7
					7			3
	3						6	

		5		8				
7			6		3	9		
9		2				3		
5		4		3			1	
	1			7		2		9
		1				8		3
		6	8		5			7
				9		6		

	2						1	
			5	6			2	
	6				8			7
4				8				5
7			1		4			2
1				2				8
3			8				7	
	5			9	7			
	7						5	

4	1		6				5	8
9			5					
			4				2	6
	5							
		9	3		2	5		
							7	
8	4				3			
					4			7
5	7				1		3	4

	4						1	
		5		7	6	8		
				3				2
		2				7	4	
		4	9		7	3		
	3	6				9		
4				9				
		9	5	2		1		
	8						5	

5			8		2			3
	7							
1				3				6
	4			9			3	7
	8						4	
6	3			8			9	
9				5				1
							5	
4			1		7			9

	9	1	8					4
4								
	5		4				6	
	3		6		1		9	
2								3
	8		7		5		2	
	4				9		7	
								2
8					7	1	5	

The Eighth Circle
Devastating

5	4				6	3		
	9			2				5
1							8	
	2		1		7			
9								6
			4		9		5	
	6							8
4				9			2	
		8	5				6	7

	5		3		9			
	4				2	6	5	
1						3		
		5					6	
9	8						2	7
	1					5		
		7						6
	3	6	4				1	
			6		8		4	

3	9	5		4				2
						4		
		4		2	3		7	
					5			8
	5	8				7	9	
7			9					
	1		6	5		3		
		6						
2				3		6	4	5

3			5		1			9
							2	
6			8		2			7
	4							1
	6	9				3	7	
2							5	
1			2		3			6
	7							
8			6		4			5

The Ninth Circle
Deadly

						5	4	
		6						8
4	2		7					
		3	6	7				2
			1		8			
9				4	2	1		
					3		6	7
5						9		
	9	2						

Blank Grids

Solutions

7	8	5	9	1	4	6	2	3
2	9	1	3	8	6	5	7	4
4	6	3	7	2	5	9	1	8
1	3	9	8	4	7	2	5	6
8	7	6	2	5	1	4	3	9
5	4	2	6	9	3	1	8	7
9	5	8	4	7	2	3	6	1
3	1	7	5	6	9	8	4	2
6	2	4	1	3	8	7	9	5

5	9	7	4	6	8	3	1	2
3	8	4	5	2	1	9	6	7
2	6	1	3	9	7	5	4	8
7	5	6	8	1	9	2	3	4
8	2	3	6	4	5	1	7	9
1	4	9	7	3	2	6	8	5
6	1	8	9	5	4	7	2	3
4	3	5	2	7	6	8	9	1
9	7	2	1	8	3	4	5	6

Solutions

7

1	6	3	4	7	8	5	2	9
9	5	8	2	3	6	4	1	7
2	7	4	9	1	5	6	8	3
5	8	7	3	6	1	2	9	4
4	9	6	8	5	2	3	7	1
3	2	1	7	9	4	8	5	6
8	1	9	5	4	3	7	6	2
7	4	2	6	8	9	1	3	5
6	3	5	1	2	7	9	4	8

8

2	1	7	9	6	8	5	3	4
3	9	8	5	4	7	6	1	2
6	4	5	1	3	2	7	8	9
4	8	1	6	5	9	3	2	7
7	3	6	2	8	4	9	5	1
5	2	9	7	1	3	4	6	8
8	7	2	3	9	6	1	4	5
9	5	3	4	2	1	8	7	6
1	6	4	8	7	5	2	9	3

Solutions

5	2	3	9	6	1	8	4	7
8	7	1	2	5	4	6	9	3
9	4	6	8	3	7	5	2	1
6	9	7	1	8	3	2	5	4
2	1	4	5	7	9	3	6	8
3	5	8	4	2	6	1	7	9
1	3	9	6	4	5	7	8	2
7	6	2	3	9	8	4	1	5
4	8	5	7	1	2	9	3	6

1	7	9	8	6	5	3	2	4
5	4	3	9	2	7	1	6	8
2	8	6	4	1	3	9	7	5
8	6	1	5	7	9	2	4	3
9	5	4	2	3	6	8	1	7
3	2	7	1	8	4	6	5	9
7	1	2	3	5	8	4	9	6
6	9	8	7	4	2	5	3	1
4	3	5	6	9	1	7	8	2

Solutions

11

1	2	6	3	4	7	8	9	5
5	4	3	1	9	8	6	7	2
7	8	9	6	2	5	4	3	1
3	1	8	9	5	6	2	4	7
2	6	7	4	1	3	5	8	9
4	9	5	8	7	2	3	1	6
9	3	2	7	6	4	1	5	8
8	5	1	2	3	9	7	6	4
6	7	4	5	8	1	9	2	3

12

4	2	7	5	8	3	1	6	9
3	9	8	7	6	1	2	5	4
6	1	5	2	4	9	7	8	3
8	3	9	1	5	4	6	7	2
7	6	1	3	9	2	8	4	5
2	5	4	6	7	8	3	9	1
1	7	6	9	2	5	4	3	8
5	8	3	4	1	7	9	2	6
9	4	2	8	3	6	5	1	7

Solutions

6	8	1	2	4	5	7	3	9
9	5	7	1	3	8	2	4	6
3	4	2	9	6	7	5	8	1
2	6	5	3	9	4	1	7	8
1	9	3	7	8	2	4	6	5
4	7	8	5	1	6	9	2	3
8	2	9	6	7	1	3	5	4
7	3	6	4	5	9	8	1	2
5	1	4	8	2	3	6	9	7

7	6	4	8	3	2	5	9	1
8	9	5	6	7	1	4	3	2
1	3	2	4	9	5	7	6	8
2	7	6	1	4	8	3	5	9
5	4	1	3	6	9	2	8	7
3	8	9	2	5	7	1	4	6
4	2	8	5	1	6	9	7	3
9	1	3	7	8	4	6	2	5
6	5	7	9	2	3	8	1	4

Solutions

15

8	1	9	6	5	4	3	7	2
7	5	3	8	2	9	6	4	1
6	4	2	3	1	7	5	9	8
5	9	6	1	7	3	8	2	4
2	8	7	4	6	5	1	3	9
1	3	4	9	8	2	7	6	5
4	7	1	5	9	6	2	8	3
9	6	5	2	3	8	4	1	7
3	2	8	7	4	1	9	5	6

16

5	2	4	1	3	7	8	9	6
1	7	8	6	9	2	4	5	3
6	9	3	5	8	4	7	1	2
9	3	2	7	5	8	6	4	1
8	4	5	2	6	1	3	7	9
7	6	1	3	4	9	5	2	8
2	5	7	8	1	3	9	6	4
3	1	9	4	7	6	2	8	5
4	8	6	9	2	5	1	3	7

Solutions

5	1	7	9	2	3	4	6	8
6	8	2	5	1	4	9	7	3
4	9	3	6	8	7	5	2	1
3	7	8	4	5	1	6	9	2
2	6	4	8	3	9	1	5	7
1	5	9	2	7	6	3	8	4
9	3	6	7	4	2	8	1	5
8	2	1	3	6	5	7	4	9
7	4	5	1	9	8	2	3	6

9	6	4	5	7	3	2	1	8
5	3	8	2	6	1	9	4	7
7	2	1	4	8	9	5	6	3
1	5	6	7	2	4	8	3	9
3	8	7	1	9	6	4	2	5
4	9	2	3	5	8	6	7	1
2	4	5	8	1	7	3	9	6
6	7	3	9	4	5	1	8	2
8	1	9	6	3	2	7	5	4

Solutions

19

7	9	8	5	4	3	6	1	2
2	3	5	1	6	8	9	4	7
1	4	6	2	7	9	3	8	5
8	1	7	3	2	6	5	9	4
5	2	3	9	1	4	7	6	8
4	6	9	8	5	7	2	3	1
9	8	2	4	3	5	1	7	6
3	7	1	6	8	2	4	5	9
6	5	4	7	9	1	8	2	3

20

2	5	4	1	3	6	8	7	9
6	7	1	9	8	5	3	2	4
8	3	9	4	2	7	1	5	6
9	6	5	8	1	3	2	4	7
3	1	7	5	4	2	9	6	8
4	2	8	6	7	9	5	3	1
1	9	6	3	5	4	7	8	2
7	8	3	2	6	1	4	9	5
5	4	2	7	9	8	6	1	3

Solutions

1	6	2	5	9	4	8	7	3
9	3	7	6	8	1	2	5	4
4	8	5	2	3	7	1	6	9
6	9	1	7	4	8	3	2	5
3	2	8	1	6	5	9	4	7
7	5	4	3	2	9	6	8	1
8	4	6	9	5	3	7	1	2
2	1	3	4	7	6	5	9	8
5	7	9	8	1	2	4	3	6

9	5	4	8	3	1	6	7	2
2	7	8	5	6	4	9	3	1
3	6	1	7	2	9	5	4	8
6	8	3	4	1	7	2	5	9
7	1	2	9	5	3	4	8	6
4	9	5	2	8	6	3	1	7
8	2	9	1	4	5	7	6	3
5	3	7	6	9	8	1	2	4
1	4	6	3	7	2	8	9	5

Solutions

23

8	9	5	7	4	1	3	6	2
2	3	1	9	5	6	4	7	8
4	7	6	8	3	2	5	1	9
6	8	7	3	9	4	2	5	1
9	1	3	2	7	5	6	8	4
5	4	2	6	1	8	9	3	7
3	6	4	1	8	9	7	2	5
7	5	8	4	2	3	1	9	6
1	2	9	5	6	7	8	4	3

24

8	2	9	5	7	3	6	1	4
4	1	3	9	2	6	8	7	5
7	5	6	8	1	4	2	3	9
3	4	7	1	9	8	5	6	2
1	9	8	6	5	2	7	4	3
5	6	2	3	4	7	9	8	1
6	3	5	4	8	9	1	2	7
2	8	1	7	3	5	4	9	6
9	7	4	2	6	1	3	5	8

Solutions

3	6	2	7	9	8	5	1	4
5	9	7	3	1	4	6	2	8
8	4	1	5	2	6	9	7	3
4	3	8	9	6	7	2	5	1
2	1	9	8	4	5	3	6	7
7	5	6	2	3	1	8	4	9
9	2	5	1	7	3	4	8	6
1	8	4	6	5	9	7	3	2
6	7	3	4	8	2	1	9	5

9	6	2	7	8	4	5	3	1
4	5	3	1	9	6	8	7	2
8	7	1	3	5	2	6	9	4
1	9	4	5	2	7	3	6	8
2	8	7	9	6	3	1	4	5
6	3	5	8	4	1	9	2	7
5	4	8	6	7	9	2	1	3
3	2	9	4	1	5	7	8	6
7	1	6	2	3	8	4	5	9

Solutions

1	8	3	6	7	9	4	5	2
7	4	9	2	5	3	8	6	1
5	6	2	1	8	4	3	7	9
3	5	1	9	6	2	7	8	4
2	7	6	3	4	8	9	1	5
8	9	4	7	1	5	2	3	6
9	2	8	5	3	1	6	4	7
6	3	5	4	9	7	1	2	8
4	1	7	8	2	6	5	9	3

6	5	4	8	2	3	9	7	1
3	1	2	9	7	4	8	6	5
7	9	8	6	5	1	3	4	2
4	7	3	2	6	9	5	1	8
2	8	1	4	3	5	7	9	6
5	6	9	1	8	7	2	3	4
1	3	6	5	9	8	4	2	7
9	2	5	7	4	6	1	8	3
8	4	7	3	1	2	6	5	9

Solutions

8	9	6	5	4	7	3	2	1
4	7	3	6	2	1	9	5	8
2	5	1	3	8	9	4	7	6
5	4	9	7	1	3	6	8	2
1	6	8	4	9	2	5	3	7
7	3	2	8	6	5	1	9	4
6	8	7	9	3	4	2	1	5
3	1	5	2	7	6	8	4	9
9	2	4	1	5	8	7	6	3

5	8	9	6	4	7	2	1	3
6	4	7	3	1	2	9	5	8
3	2	1	8	9	5	6	7	4
2	1	6	7	5	3	4	8	9
9	7	3	4	8	1	5	2	6
8	5	4	2	6	9	1	3	7
1	9	8	5	7	6	3	4	2
7	3	5	9	2	4	8	6	1
4	6	2	1	3	8	7	9	5

Solutions

31

7	3	2	9	8	1	5	6	4
1	8	5	7	6	4	2	9	3
6	4	9	3	2	5	1	7	8
8	7	4	5	1	3	9	2	6
3	2	1	6	9	8	4	5	7
5	9	6	2	4	7	3	8	1
4	6	3	8	5	2	7	1	9
2	1	8	4	7	9	6	3	5
9	5	7	1	3	6	8	4	2

32

9	5	7	6	4	1	8	3	2
8	6	2	3	7	5	9	4	1
1	4	3	9	2	8	7	5	6
5	8	4	7	6	2	1	9	3
3	1	6	4	8	9	2	7	5
2	7	9	1	5	3	4	6	8
7	9	1	8	3	6	5	2	4
6	2	8	5	9	4	3	1	7
4	3	5	2	1	7	6	8	9

Solutions

1	7	5	6	3	9	2	4	8
2	6	3	1	4	8	5	7	9
8	9	4	2	7	5	1	6	3
6	5	1	3	8	7	4	9	2
7	2	9	5	1	4	8	3	6
4	3	8	9	6	2	7	1	5
5	8	6	4	9	1	3	2	7
9	4	2	7	5	3	6	8	1
3	1	7	8	2	6	9	5	4

9	6	7	2	3	4	8	1	5
2	1	3	6	5	8	7	4	9
4	8	5	1	7	9	2	3	6
5	7	6	4	9	2	1	8	3
1	9	2	8	6	3	4	5	7
8	3	4	7	1	5	9	6	2
6	2	9	3	8	1	5	7	4
3	5	8	9	4	7	6	2	1
7	4	1	5	2	6	3	9	8

Solutions

35

6	5	9	4	7	8	3	2	1
1	7	4	5	2	3	9	6	8
2	3	8	6	9	1	5	7	4
9	2	5	3	1	6	4	8	7
8	6	3	7	4	5	1	9	2
7	4	1	9	8	2	6	5	3
5	1	7	2	3	9	8	4	6
3	9	2	8	6	4	7	1	5
4	8	6	1	5	7	2	3	9

39

2	9	1	7	8	5	6	4	3
4	5	3	1	2	6	9	7	8
6	8	7	4	3	9	1	5	2
8	7	6	3	4	1	5	2	9
1	3	5	2	9	7	8	6	4
9	2	4	5	6	8	3	1	7
7	6	2	8	5	3	4	9	1
3	4	9	6	1	2	7	8	5
5	1	8	9	7	4	2	3	6

Solutions

3	8	7	2	4	5	9	6	1
2	4	1	8	9	6	3	7	5
9	5	6	7	3	1	2	8	4
5	3	8	4	2	9	7	1	6
6	1	2	5	7	8	4	9	3
4	7	9	6	1	3	5	2	8
7	6	3	1	5	2	8	4	9
8	2	5	9	6	4	1	3	7
1	9	4	3	8	7	6	5	2

8	4	7	5	1	2	6	3	9
2	5	1	9	3	6	4	7	8
9	3	6	7	4	8	1	2	5
1	9	5	2	6	7	8	4	3
4	7	8	1	9	3	2	5	6
3	6	2	4	8	5	9	1	7
5	8	9	3	2	4	7	6	1
6	2	3	8	7	1	5	9	4
7	1	4	6	5	9	3	8	2

Solutions

42

3	1	7	8	9	6	4	2	5
2	4	9	1	3	5	8	6	7
8	5	6	4	7	2	1	3	9
7	2	1	9	8	3	5	4	6
4	3	8	6	5	1	7	9	2
6	9	5	7	2	4	3	1	8
1	6	2	5	4	7	9	8	3
5	8	4	3	6	9	2	7	1
9	7	3	2	1	8	6	5	4

43

1	2	9	7	8	4	5	3	6
4	5	7	3	2	6	8	1	9
8	6	3	9	5	1	7	4	2
2	7	6	8	4	9	1	5	3
9	8	5	6	1	3	4	2	7
3	1	4	2	7	5	9	6	8
7	3	1	5	9	2	6	8	4
5	9	2	4	6	8	3	7	1
6	4	8	1	3	7	2	9	5

Solutions

3	9	7	2	6	8	4	1	5
1	5	8	4	7	3	6	2	9
4	6	2	9	5	1	8	7	3
5	7	1	6	8	4	3	9	2
2	8	3	7	9	5	1	4	6
9	4	6	3	1	2	5	8	7
7	1	9	8	3	6	2	5	4
8	3	4	5	2	9	7	6	1
6	2	5	1	4	7	9	3	8

2	5	6	1	8	9	7	4	3
1	9	3	5	7	4	6	8	2
7	8	4	6	3	2	9	5	1
9	3	8	4	2	1	5	7	6
6	4	2	8	5	7	1	3	9
5	1	7	3	9	6	4	2	8
3	2	9	7	1	5	8	6	4
4	7	1	2	6	8	3	9	5
8	6	5	9	4	3	2	1	7

Solutions

46

9	3	1	6	7	4	5	2	8
6	8	4	5	1	2	9	7	3
2	5	7	8	9	3	4	1	6
8	7	9	2	6	1	3	5	4
5	4	6	3	8	7	2	9	1
3	1	2	4	5	9	6	8	7
1	6	8	9	3	5	7	4	2
7	2	5	1	4	6	8	3	9
4	9	3	7	2	8	1	6	5

47

4	7	3	5	9	6	8	1	2
2	5	9	8	4	1	7	6	3
8	6	1	7	3	2	5	4	9
9	3	6	4	1	7	2	8	5
1	2	4	9	8	5	3	7	6
5	8	7	2	6	3	4	9	1
3	1	5	6	7	4	9	2	8
6	4	8	3	2	9	1	5	7
7	9	2	1	5	8	6	3	4

Solutions

6	9	1	7	5	8	2	3	4
3	8	5	2	1	4	9	6	7
2	4	7	6	9	3	8	1	5
7	3	4	9	2	1	5	8	6
5	1	8	4	3	6	7	2	9
9	2	6	8	7	5	3	4	1
8	5	3	1	4	9	6	7	2
4	7	9	3	6	2	1	5	8
1	6	2	5	8	7	4	9	3

2	6	1	7	8	3	4	5	9
8	7	9	5	6	4	1	2	3
4	3	5	1	9	2	8	7	6
7	9	3	6	4	5	2	8	1
6	5	4	8	2	1	9	3	7
1	8	2	3	7	9	5	6	4
9	2	7	4	5	6	3	1	8
5	1	6	9	3	8	7	4	2
3	4	8	2	1	7	6	9	5

Solutions

50

1	5	3	7	6	2	8	9	4
7	8	2	4	5	9	1	3	6
4	9	6	8	3	1	2	5	7
2	3	7	6	9	8	4	1	5
9	1	8	5	4	7	3	6	2
6	4	5	1	2	3	7	8	9
3	7	9	2	1	6	5	4	8
8	6	4	3	7	5	9	2	1
5	2	1	9	8	4	6	7	3

51

4	6	5	3	8	9	7	2	1
7	8	2	6	5	1	3	4	9
3	1	9	2	7	4	8	6	5
8	4	6	7	9	5	2	1	3
9	2	1	8	4	3	5	7	6
5	7	3	1	6	2	4	9	8
6	5	8	9	2	7	1	3	4
1	9	7	4	3	8	6	5	2
2	3	4	5	1	6	9	8	7

Solutions

8	5	7	4	3	9	1	2	6
6	4	1	2	5	8	3	9	7
3	9	2	1	7	6	5	4	8
5	7	3	9	2	4	8	6	1
4	2	6	8	1	3	9	7	5
1	8	9	5	6	7	4	3	2
2	3	5	7	4	1	6	8	9
9	1	4	6	8	2	7	5	3
7	6	8	3	9	5	2	1	4

2	8	6	5	9	7	4	3	1
5	3	7	4	1	8	2	9	6
4	9	1	6	2	3	8	5	7
3	1	4	9	8	5	7	6	2
8	6	9	2	7	1	5	4	3
7	5	2	3	4	6	9	1	8
9	2	3	7	6	4	1	8	5
6	4	8	1	5	2	3	7	9
1	7	5	8	3	9	6	2	4

Solutions

4	6	7	9	3	1	5	8	2
9	8	1	7	5	2	4	3	6
5	3	2	6	4	8	7	9	1
3	2	4	8	6	5	1	7	9
6	9	5	1	7	3	2	4	8
7	1	8	2	9	4	6	5	3
1	7	9	4	8	6	3	2	5
2	4	3	5	1	9	8	6	7
8	5	6	3	2	7	9	1	4

2	6	8	9	1	5	3	7	4
3	9	1	4	2	7	5	6	8
4	7	5	3	6	8	2	9	1
5	1	7	8	4	3	6	2	9
9	8	3	6	7	2	4	1	5
6	2	4	5	9	1	8	3	7
7	4	6	2	5	9	1	8	3
8	5	9	1	3	6	7	4	2
1	3	2	7	8	4	9	5	6

Solutions

4	7	6	1	5	2	9	8	3
8	9	2	4	7	3	1	5	6
5	3	1	6	9	8	4	7	2
7	5	4	2	8	9	3	6	1
9	2	8	3	1	6	7	4	5
1	6	3	5	4	7	2	9	8
2	1	5	9	6	4	8	3	7
3	8	9	7	2	5	6	1	4
6	4	7	8	3	1	5	2	9

2	1	8	3	7	4	6	9	5
9	7	5	6	8	2	1	4	3
3	6	4	9	1	5	7	8	2
4	3	7	5	9	6	8	2	1
1	5	9	8	2	7	4	3	6
8	2	6	4	3	1	9	5	7
5	9	1	2	6	8	3	7	4
6	8	2	7	4	3	5	1	9
7	4	3	1	5	9	2	6	8

Solutions

58

9	6	5	2	4	3	7	8	1
4	8	7	9	5	1	6	3	2
3	1	2	8	6	7	9	5	4
7	3	6	4	9	2	8	1	5
8	9	4	3	1	5	2	7	6
5	2	1	6	7	8	4	9	3
6	4	3	5	8	9	1	2	7
2	7	8	1	3	4	5	6	9
1	5	9	7	2	6	3	4	8

59

7	8	9	5	1	3	4	6	2
5	3	2	4	9	6	7	8	1
6	1	4	7	8	2	9	3	5
3	4	7	1	6	5	8	2	9
8	9	6	3	2	7	1	5	4
2	5	1	9	4	8	6	7	3
4	6	5	2	7	1	3	9	8
9	2	8	6	3	4	5	1	7
1	7	3	8	5	9	2	4	6

Solutions

7	9	6	5	8	2	3	4	1
8	4	5	7	1	3	9	2	6
3	2	1	6	4	9	8	5	7
9	6	7	2	5	1	4	8	3
4	8	2	9	3	6	7	1	5
1	5	3	8	7	4	6	9	2
2	3	9	1	6	8	5	7	4
6	7	8	4	2	5	1	3	9
5	1	4	3	9	7	2	6	8

4	5	6	9	7	8	2	1	3
3	1	9	4	6	2	8	5	7
8	2	7	3	5	1	6	9	4
9	3	1	5	8	7	4	6	2
2	7	8	6	9	4	5	3	1
5	6	4	1	2	3	7	8	9
1	4	2	8	3	5	9	7	6
6	8	3	7	4	9	1	2	5
7	9	5	2	1	6	3	4	8

7	6	3	1	5	9	2	8	4
9	5	4	8	6	2	1	3	7
8	2	1	7	3	4	5	6	9
3	8	6	4	7	5	9	1	2
1	9	7	2	8	6	3	4	5
5	4	2	3	9	1	8	7	6
2	3	8	9	4	7	6	5	1
6	7	9	5	1	8	4	2	3
4	1	5	6	2	3	7	9	8

8	6	7	2	1	4	5	3	9
2	9	4	3	5	6	8	1	7
3	1	5	9	7	8	2	4	6
5	8	9	1	6	3	4	7	2
4	3	1	7	2	9	6	8	5
6	7	2	8	4	5	3	9	1
7	4	3	5	9	2	1	6	8
9	2	6	4	8	1	7	5	3
1	5	8	6	3	7	9	2	4

Solutions

2	7	5	4	6	3	8	9	1
1	3	4	8	9	5	2	6	7
8	9	6	2	7	1	5	4	3
5	6	2	1	4	8	7	3	9
9	4	1	7	3	2	6	8	5
7	8	3	9	5	6	4	1	2
3	2	8	5	1	4	9	7	6
4	1	7	6	2	9	3	5	8
6	5	9	3	8	7	1	2	4

8	9	4	3	1	6	5	7	2
1	7	2	5	4	9	3	8	6
5	3	6	2	8	7	9	4	1
2	4	3	9	5	1	7	6	8
7	8	5	4	6	2	1	9	3
9	6	1	7	3	8	4	2	5
4	2	8	1	7	5	6	3	9
3	5	9	6	2	4	8	1	7
6	1	7	8	9	3	2	5	4

Solutions

66

7	1	6	9	8	2	3	4	5
8	9	5	4	6	3	2	7	1
3	4	2	1	7	5	6	8	9
9	6	3	7	2	1	8	5	4
1	5	7	8	4	6	9	2	3
2	8	4	5	3	9	7	1	6
5	3	1	2	9	7	4	6	8
6	7	8	3	1	4	5	9	2
4	2	9	6	5	8	1	3	7

69

4	7	3	5	8	2	9	6	1
6	5	2	9	1	7	8	3	4
1	9	8	6	3	4	7	5	2
3	4	5	2	7	8	1	9	6
7	2	9	1	6	3	4	8	5
8	6	1	4	5	9	3	2	7
2	1	7	3	9	6	5	4	8
9	8	6	7	4	5	2	1	3
5	3	4	8	2	1	6	7	9

Solutions

8	4	9	1	7	5	2	6	3
6	1	7	8	3	2	9	5	4
3	5	2	9	6	4	7	8	1
9	2	8	5	4	1	6	3	7
5	7	6	2	9	3	1	4	8
1	3	4	6	8	7	5	9	2
2	6	5	4	1	8	3	7	9
4	9	3	7	2	6	8	1	5
7	8	1	3	5	9	4	2	6

9	2	5	6	8	7	4	3	1
3	4	6	1	5	2	7	8	9
1	7	8	9	4	3	2	6	5
4	1	3	5	9	6	8	7	2
6	8	7	3	2	1	9	5	4
2	5	9	8	7	4	6	1	3
5	6	2	7	1	9	3	4	8
7	9	1	4	3	8	5	2	6
8	3	4	2	6	5	1	9	7

Solutions

72

4	9	2	6	1	8	7	5	3
5	1	6	7	4	3	9	8	2
7	3	8	9	5	2	4	6	1
6	7	1	3	2	9	5	4	8
3	2	5	4	8	7	1	9	6
8	4	9	5	6	1	2	3	7
1	6	4	8	7	5	3	2	9
9	5	7	2	3	6	8	1	4
2	8	3	1	9	4	6	7	5

73

8	5	6	7	1	2	9	3	4
4	7	9	6	5	3	8	1	2
2	1	3	4	8	9	5	6	7
9	8	5	2	4	6	3	7	1
3	2	4	9	7	1	6	5	8
7	6	1	5	3	8	2	4	9
5	4	8	3	2	7	1	9	6
1	9	7	8	6	5	4	2	3
6	3	2	1	9	4	7	8	5

Solutions

5	1	7	9	3	6	2	8	4
3	8	4	2	1	5	6	9	7
2	6	9	8	4	7	1	3	5
1	3	6	5	7	9	8	4	2
9	5	8	3	2	4	7	6	1
7	4	2	1	6	8	9	5	3
4	9	1	6	5	2	3	7	8
6	2	5	7	8	3	4	1	9
8	7	3	4	9	1	5	2	6

8	4	1	5	6	9	3	7	2
3	5	6	2	7	1	4	9	8
7	9	2	4	3	8	1	6	5
6	8	4	7	1	2	5	3	9
2	1	5	9	8	3	7	4	6
9	7	3	6	5	4	2	8	1
4	6	7	1	9	5	8	2	3
5	2	8	3	4	6	9	1	7
1	3	9	8	2	7	6	5	4

Solutions

76

4	1	2	7	5	9	3	8	6
3	9	8	1	4	6	2	7	5
6	7	5	2	3	8	4	9	1
8	4	9	5	1	7	6	3	2
7	5	6	9	2	3	8	1	4
2	3	1	6	8	4	7	5	9
9	2	4	3	7	1	5	6	8
1	8	7	4	6	5	9	2	3
5	6	3	8	9	2	1	4	7

77

8	3	5	7	4	6	2	1	9
9	2	1	5	3	8	6	4	7
6	4	7	9	2	1	5	3	8
2	7	6	4	5	9	1	8	3
3	8	4	6	1	2	7	9	5
5	1	9	8	7	3	4	6	2
4	9	8	2	6	7	3	5	1
1	5	2	3	9	4	8	7	6
7	6	3	1	8	5	9	2	4

Solutions

7	4	3	9	8	2	1	5	6
5	9	1	4	6	3	2	8	7
6	2	8	1	5	7	4	9	3
1	3	4	8	7	9	6	2	5
9	8	6	5	2	4	3	7	1
2	7	5	3	1	6	9	4	8
8	6	7	2	9	1	5	3	4
4	1	9	7	3	5	8	6	2
3	5	2	6	4	8	7	1	9

9	8	1	5	2	4	6	7	3
6	5	4	3	9	7	1	2	8
3	7	2	8	6	1	9	4	5
2	9	5	7	4	8	3	6	1
8	4	7	6	1	3	2	5	9
1	6	3	9	5	2	7	8	4
7	1	9	4	8	6	5	3	2
4	2	6	1	3	5	8	9	7
5	3	8	2	7	9	4	1	6

Solutions

9	3	1	7	8	2	4	6	5
5	7	2	3	6	4	9	1	8
8	6	4	5	9	1	3	2	7
2	9	8	1	7	5	6	3	4
1	4	3	6	2	8	5	7	9
7	5	6	9	4	3	1	8	2
6	2	5	4	3	7	8	9	1
4	8	9	2	1	6	7	5	3
3	1	7	8	5	9	2	4	6

7	6	4	5	1	2	8	9	3
9	3	8	7	6	4	5	2	1
5	2	1	8	3	9	7	4	6
8	4	2	6	5	3	9	1	7
6	1	7	4	9	8	2	3	5
3	5	9	2	7	1	4	6	8
1	7	6	9	2	5	3	8	4
2	8	3	1	4	7	6	5	9
4	9	5	3	8	6	1	7	2

Solutions

3	7	8	5	4	2	9	6	1
2	5	6	3	9	1	7	4	8
4	1	9	6	8	7	2	3	5
1	6	4	8	3	9	5	7	2
9	3	2	7	6	5	8	1	4
5	8	7	1	2	4	6	9	3
7	4	1	9	5	8	3	2	6
8	9	3	2	1	6	4	5	7
6	2	5	4	7	3	1	8	9

6	1	2	8	9	7	4	5	3
4	7	3	5	1	2	8	9	6
9	8	5	3	4	6	1	7	2
7	3	6	2	8	5	9	4	1
1	9	8	7	3	4	6	2	5
5	2	4	9	6	1	7	3	8
3	6	9	4	2	8	5	1	7
8	4	7	1	5	3	2	6	9
2	5	1	6	7	9	3	8	4

Solutions

84

5	3	2	1	4	7	6	8	9
1	7	4	8	9	6	3	5	2
9	6	8	3	5	2	4	1	7
8	4	7	6	2	1	9	3	5
3	9	5	4	7	8	1	2	6
2	1	6	5	3	9	7	4	8
4	2	1	7	6	5	8	9	3
6	5	3	9	8	4	2	7	1
7	8	9	2	1	3	5	6	4

85

3	9	2	4	7	1	6	5	8
8	4	1	3	6	5	9	7	2
5	7	6	8	2	9	4	3	1
7	2	9	6	8	3	5	1	4
4	3	8	5	1	7	2	6	9
6	1	5	9	4	2	7	8	3
2	5	7	1	9	8	3	4	6
1	6	3	2	5	4	8	9	7
9	8	4	7	3	6	1	2	5

Solutions

8	6	1	7	4	3	2	9	5
4	2	3	9	5	1	7	8	6
7	5	9	8	6	2	4	1	3
2	3	7	5	1	6	9	4	8
6	9	4	3	7	8	5	2	1
5	1	8	2	9	4	3	6	7
1	7	5	4	8	9	6	3	2
9	8	2	6	3	7	1	5	4
3	4	6	1	2	5	8	7	9

7	6	1	9	8	4	3	2	5
8	4	2	1	5	3	9	6	7
3	5	9	2	7	6	1	4	8
4	8	7	5	6	1	2	9	3
5	9	6	3	4	2	7	8	1
2	1	3	7	9	8	6	5	4
9	2	5	4	3	7	8	1	6
6	3	4	8	1	9	5	7	2
1	7	8	6	2	5	4	3	9

Solutions

88

9	5	2	3	1	8	4	6	7
7	3	4	5	6	9	8	2	1
6	8	1	7	2	4	9	5	3
3	9	6	2	7	1	5	8	4
4	7	5	8	9	3	6	1	2
1	2	8	4	5	6	3	7	9
8	1	3	6	4	7	2	9	5
5	4	7	9	8	2	1	3	6
2	6	9	1	3	5	7	4	8

89

5	6	4	3	1	8	2	9	7
3	7	8	4	2	9	5	1	6
2	9	1	7	5	6	8	4	3
8	5	7	2	4	3	1	6	9
6	4	9	5	8	1	7	3	2
1	3	2	9	6	7	4	8	5
9	2	5	8	3	4	6	7	1
4	1	3	6	7	2	9	5	8
7	8	6	1	9	5	3	2	4

Solutions

8	5	7	9	4	6	3	2	1
3	1	4	7	5	2	9	8	6
6	9	2	3	8	1	5	4	7
5	7	6	1	2	4	8	9	3
4	3	9	8	7	5	1	6	2
1	2	8	6	3	9	7	5	4
9	6	5	4	1	7	2	3	8
2	8	1	5	6	3	4	7	9
7	4	3	2	9	8	6	1	5

2	9	7	6	5	3	1	8	4
8	5	4	1	9	2	3	7	6
3	6	1	8	4	7	2	5	9
6	4	3	2	8	9	5	1	7
9	7	8	5	3	1	6	4	2
1	2	5	7	6	4	9	3	8
4	8	6	3	2	5	7	9	1
5	1	9	4	7	6	8	2	3
7	3	2	9	1	8	4	6	5

Solutions

92

6	4	2	8	3	5	1	9	7
3	9	1	4	7	2	5	8	6
7	5	8	9	1	6	3	4	2
5	7	6	1	9	4	2	3	8
4	8	9	2	5	3	6	7	1
1	2	3	6	8	7	9	5	4
9	1	5	7	6	8	4	2	3
2	3	7	5	4	1	8	6	9
8	6	4	3	2	9	7	1	5

95

1	7	8	6	9	4	5	3	2
3	6	2	5	7	8	9	1	4
5	9	4	1	3	2	8	6	7
8	2	7	3	5	1	4	9	6
6	4	5	9	8	7	1	2	3
9	1	3	2	4	6	7	8	5
7	3	6	8	1	5	2	4	9
2	5	1	4	6	9	3	7	8
4	8	9	7	2	3	6	5	1

Solutions

9	3	7	6	5	8	1	4	2
4	6	5	1	2	7	3	8	9
2	1	8	3	4	9	5	7	6
8	7	1	2	6	3	4	9	5
6	4	2	9	7	5	8	3	1
3	5	9	4	8	1	2	6	7
7	8	3	5	9	2	6	1	4
1	2	6	7	3	4	9	5	8
5	9	4	8	1	6	7	2	3

3	6	7	8	1	4	5	2	9
8	5	2	7	9	3	1	4	6
4	9	1	2	6	5	8	7	3
5	2	9	1	3	7	6	8	4
7	1	4	6	2	8	3	9	5
6	8	3	5	4	9	2	1	7
2	3	6	4	7	1	9	5	8
9	4	8	3	5	2	7	6	1
1	7	5	9	8	6	4	3	2

Solutions

98

2	7	4	5	3	9	8	6	1
8	6	3	4	1	7	5	2	9
5	1	9	6	8	2	4	3	7
9	8	6	2	4	5	7	1	3
7	3	2	8	6	1	9	5	4
4	5	1	9	7	3	2	8	6
3	9	8	7	5	6	1	4	2
6	2	5	1	9	4	3	7	8
1	4	7	3	2	8	6	9	5

99

2	6	5	7	8	1	3	9	4
8	7	3	4	9	2	5	6	1
1	9	4	6	3	5	7	2	8
9	4	8	5	2	3	6	1	7
6	5	7	1	4	9	8	3	2
3	1	2	8	6	7	9	4	5
4	8	1	9	5	6	2	7	3
7	3	9	2	1	8	4	5	6
5	2	6	3	7	4	1	8	9

Solutions

8	5	3	4	2	6	7	9	1
7	4	9	1	5	8	6	2	3
2	6	1	7	9	3	8	5	4
3	8	7	2	4	1	9	6	5
6	2	5	9	3	7	4	1	8
9	1	4	6	8	5	2	3	7
1	9	2	5	7	4	3	8	6
5	7	8	3	6	2	1	4	9
4	3	6	8	1	9	5	7	2

9	8	5	7	3	1	6	2	4
6	7	2	5	9	4	3	8	1
1	3	4	6	2	8	5	9	7
8	9	3	2	7	6	4	1	5
7	5	6	1	4	9	2	3	8
4	2	1	8	5	3	9	7	6
5	6	7	3	1	2	8	4	9
3	4	8	9	6	7	1	5	2
2	1	9	4	8	5	7	6	3

Solutions

102

7	6	8	4	3	9	5	2	1
4	9	1	8	5	2	6	7	3
3	2	5	6	7	1	9	4	8
5	1	9	7	8	4	3	6	2
6	4	3	2	1	5	8	9	7
2	8	7	9	6	3	1	5	4
1	7	2	5	9	8	4	3	6
9	3	6	1	4	7	2	8	5
8	5	4	3	2	6	7	1	9

103

8	1	9	2	3	6	4	7	5
7	4	3	9	5	8	1	2	6
2	6	5	7	1	4	9	3	8
6	8	7	1	2	3	5	4	9
1	5	2	4	7	9	8	6	3
3	9	4	8	6	5	2	1	7
4	3	6	5	8	1	7	9	2
9	2	8	6	4	7	3	5	1
5	7	1	3	9	2	6	8	4

Solutions

7	4	9	2	3	8	5	1	6
8	6	1	5	9	4	7	2	3
5	3	2	1	6	7	9	8	4
1	5	4	6	8	9	2	3	7
9	2	7	3	4	1	8	6	5
6	8	3	7	2	5	4	9	1
4	9	5	8	1	6	3	7	2
2	7	6	9	5	3	1	4	8
3	1	8	4	7	2	6	5	9

4	2	3	7	6	5	8	1	9
9	5	1	8	2	3	6	7	4
6	8	7	1	4	9	3	2	5
3	1	5	2	8	6	4	9	7
7	9	2	3	5	4	1	8	6
8	4	6	9	1	7	2	5	3
2	6	9	4	7	1	5	3	8
1	7	4	5	3	8	9	6	2
5	3	8	6	9	2	7	4	1

Solutions

106

3	5	7	9	8	2	4	1	6
8	6	1	3	7	4	9	2	5
2	9	4	1	5	6	3	7	8
4	1	9	2	6	7	8	5	3
5	3	2	8	4	1	6	9	7
7	8	6	5	3	9	2	4	1
6	2	3	7	9	5	1	8	4
9	7	8	4	1	3	5	6	2
1	4	5	6	2	8	7	3	9

107

8	4	5	1	2	6	9	7	3
6	9	3	5	8	7	2	1	4
1	7	2	9	4	3	5	8	6
7	3	1	6	5	2	8	4	9
9	2	8	3	7	4	6	5	1
5	6	4	8	9	1	3	2	7
3	1	7	2	6	5	4	9	8
2	8	6	4	1	9	7	3	5
4	5	9	7	3	8	1	6	2

Solutions

2	8	5	6	7	4	1	9	3
7	4	3	1	2	9	6	5	8
1	6	9	8	3	5	7	2	4
5	1	2	9	8	7	3	4	6
9	3	6	4	1	2	5	8	7
8	7	4	5	6	3	2	1	9
6	2	8	7	4	1	9	3	5
3	5	7	2	9	8	4	6	1
4	9	1	3	5	6	8	7	2

9	7	3	5	8	4	6	1	2
8	1	2	3	6	9	5	7	4
5	4	6	2	1	7	9	3	8
1	5	4	8	2	3	7	9	6
3	9	7	1	4	6	2	8	5
6	2	8	9	7	5	1	4	3
2	6	9	4	3	1	8	5	7
4	8	1	7	5	2	3	6	9
7	3	5	6	9	8	4	2	1

110

9	5	6	7	3	4	8	2	1
3	1	8	2	6	9	4	7	5
2	7	4	8	5	1	9	3	6
8	9	3	5	7	6	2	1	4
1	2	5	4	9	8	3	6	7
4	6	7	3	1	2	5	9	8
7	3	2	6	4	5	1	8	9
5	8	9	1	2	7	6	4	3
6	4	1	9	8	3	7	5	2

111

3	2	7	9	6	5	4	1	8
4	5	6	8	1	7	9	3	2
1	9	8	2	4	3	6	5	7
9	3	4	6	7	8	5	2	1
8	7	2	1	5	9	3	4	6
6	1	5	3	2	4	7	8	9
7	6	3	4	8	1	2	9	5
2	8	9	5	3	6	1	7	4
5	4	1	7	9	2	8	6	3

Solutions

7	3	8	2	6	4	5	1	9
5	6	2	9	1	3	4	8	7
9	4	1	8	7	5	3	6	2
6	1	5	7	4	2	8	9	3
8	7	4	3	9	1	6	2	5
2	9	3	6	5	8	7	4	1
3	5	9	1	8	6	2	7	4
4	8	7	5	2	9	1	3	6
1	2	6	4	3	7	9	5	8

2	6	5	7	9	8	3	4	1
7	8	3	5	1	4	6	9	2
1	4	9	3	2	6	8	7	5
4	7	6	2	5	9	1	8	3
3	9	1	6	8	7	2	5	4
5	2	8	4	3	1	7	6	9
8	1	2	9	6	5	4	3	7
9	3	7	8	4	2	5	1	6
6	5	4	1	7	3	9	2	8

Solutions

114

6	9	3	7	2	1	8	5	4
8	4	2	5	3	6	7	1	9
7	1	5	4	9	8	6	3	2
9	5	8	6	7	3	2	4	1
1	3	6	2	4	9	5	7	8
2	7	4	8	1	5	9	6	3
4	2	9	3	5	7	1	8	6
5	6	1	9	8	4	3	2	7
3	8	7	1	6	2	4	9	5

117

1	9	6	7	5	8	2	3	4
4	7	2	6	3	9	1	8	5
8	5	3	1	4	2	6	7	9
6	8	9	2	7	3	5	4	1
7	2	5	9	1	4	8	6	3
3	4	1	5	8	6	9	2	7
2	6	4	3	9	5	7	1	8
9	1	8	4	6	7	3	5	2
5	3	7	8	2	1	4	9	6

9	8	4	6	7	2	1	3	5
3	1	6	8	9	5	7	2	4
7	5	2	4	3	1	8	6	9
2	3	1	5	6	4	9	8	7
4	7	8	2	1	9	6	5	3
6	9	5	7	8	3	2	4	1
5	4	9	1	2	6	3	7	8
8	6	3	9	4	7	5	1	2
1	2	7	3	5	8	4	9	6

6	4	9	5	7	8	2	3	1
8	7	3	9	2	1	6	5	4
1	2	5	3	4	6	7	8	9
9	6	2	7	1	3	5	4	8
7	5	1	8	9	4	3	2	6
4	3	8	6	5	2	9	1	7
2	8	7	4	3	9	1	6	5
5	1	4	2	6	7	8	9	3
3	9	6	1	8	5	4	7	2

Solutions

120

9	6	3	2	1	4	5	7	8
7	8	1	6	5	9	4	3	2
4	2	5	8	7	3	9	6	1
5	4	2	3	8	1	7	9	6
8	1	6	4	9	7	3	2	5
3	7	9	5	2	6	8	1	4
6	3	8	9	4	2	1	5	7
2	5	7	1	3	8	6	4	9
1	9	4	7	6	5	2	8	3

121

8	3	5	4	1	7	2	6	9
9	2	7	3	8	6	5	4	1
6	4	1	2	5	9	8	7	3
1	6	4	8	3	5	7	9	2
7	5	8	9	2	4	1	3	6
3	9	2	7	6	1	4	5	8
5	8	9	1	7	3	6	2	4
4	1	6	5	9	2	3	8	7
2	7	3	6	4	8	9	1	5

Solutions

5	8	6	9	7	4	3	1	2
7	9	2	5	3	1	4	8	6
1	4	3	8	6	2	7	9	5
6	1	9	3	8	7	2	5	4
4	2	7	1	9	5	6	3	8
8	3	5	4	2	6	1	7	9
2	6	1	7	5	8	9	4	3
9	7	8	2	4	3	5	6	1
3	5	4	6	1	9	8	2	7

1	9	6	8	2	5	7	3	4
4	8	2	3	1	7	6	9	5
7	5	3	6	9	4	8	1	2
6	4	8	2	7	9	1	5	3
5	7	1	4	3	6	2	8	9
3	2	9	5	8	1	4	7	6
2	3	7	9	4	8	5	6	1
9	1	5	7	6	2	3	4	8
8	6	4	1	5	3	9	2	7

Solutions

124

2	7	1	6	5	3	9	4	8
9	8	5	4	2	7	6	1	3
6	4	3	8	9	1	5	2	7
7	5	6	3	4	9	1	8	2
3	2	9	1	6	8	4	7	5
4	1	8	2	7	5	3	9	6
5	3	7	9	1	2	8	6	4
1	6	2	5	8	4	7	3	9
8	9	4	7	3	6	2	5	1

125

7	5	8	6	9	2	4	3	1
3	1	6	5	4	7	2	9	8
2	4	9	3	8	1	5	7	6
6	8	5	2	7	9	1	4	3
4	9	7	1	3	5	8	6	2
1	2	3	4	6	8	7	5	9
5	6	2	9	1	4	3	8	7
8	3	1	7	5	6	9	2	4
9	7	4	8	2	3	6	1	5

Solutions

6	4	9	3	2	7	8	5	1
5	8	1	4	9	6	2	3	7
7	3	2	8	1	5	6	4	9
8	1	4	2	7	3	9	6	5
2	5	3	6	8	9	1	7	4
9	7	6	1	5	4	3	8	2
3	9	8	7	4	2	5	1	6
4	6	5	9	3	1	7	2	8
1	2	7	5	6	8	4	9	3

6	3	7	1	4	9	5	8	2
8	4	5	6	7	2	1	9	3
9	1	2	8	3	5	7	6	4
3	2	4	5	9	1	8	7	6
7	6	1	3	8	4	9	2	5
5	9	8	7	2	6	3	4	1
1	8	9	2	6	3	4	5	7
4	5	6	9	1	7	2	3	8
2	7	3	4	5	8	6	1	9

Solutions

128

6	2	5	4	3	9	7	8	1
3	8	1	2	7	6	4	5	9
9	7	4	8	1	5	6	2	3
2	4	6	9	5	8	3	1	7
7	5	8	3	6	1	2	9	4
1	3	9	7	4	2	5	6	8
8	6	3	1	2	7	9	4	5
4	1	2	5	9	3	8	7	6
5	9	7	6	8	4	1	3	2

129

7	9	2	6	4	8	3	1	5
8	4	3	2	5	1	7	6	9
6	1	5	7	3	9	4	2	8
9	5	7	4	6	2	1	8	3
3	6	1	8	9	7	2	5	4
4	2	8	3	1	5	9	7	6
1	7	6	9	8	4	5	3	2
2	3	9	5	7	6	8	4	1
5	8	4	1	2	3	6	9	7

Solutions

8	6	4	2	1	3	7	9	5
5	2	3	7	8	9	6	4	1
7	9	1	4	6	5	2	3	8
4	5	9	6	7	8	1	2	3
2	8	6	1	3	4	9	5	7
1	3	7	5	9	2	4	8	6
9	7	8	3	4	1	5	6	2
6	4	5	8	2	7	3	1	9
3	1	2	9	5	6	8	7	4

3	4	7	6	1	2	8	5	9
9	6	8	5	7	3	1	2	4
5	2	1	4	9	8	7	3	6
8	9	5	2	3	1	4	6	7
2	1	6	7	4	9	5	8	3
7	3	4	8	5	6	2	9	1
6	8	3	1	2	7	9	4	5
4	7	2	9	6	5	3	1	8
1	5	9	3	8	4	6	7	2

Solutions

132

2	5	8	3	7	4	9	1	6
6	9	3	1	8	5	7	4	2
4	7	1	2	6	9	8	3	5
9	1	6	8	5	2	3	7	4
8	2	5	4	3	7	6	9	1
7	3	4	6	9	1	2	5	8
1	8	9	7	4	6	5	2	3
5	6	2	9	1	3	4	8	7
3	4	7	5	2	8	1	6	9

135

9	4	5	7	6	3	2	1	8
1	7	3	5	8	2	6	4	9
8	6	2	1	9	4	3	7	5
2	8	6	4	7	9	1	5	3
5	9	4	8	3	1	7	6	2
7	3	1	2	5	6	9	8	4
3	1	9	6	4	8	5	2	7
4	2	7	3	1	5	8	9	6
6	5	8	9	2	7	4	3	1

8	6	5	2	7	9	3	4	1
2	7	3	8	4	1	9	5	6
9	1	4	6	3	5	2	7	8
1	3	8	7	5	6	4	9	2
4	9	2	3	1	8	5	6	7
7	5	6	4	9	2	8	1	3
5	4	7	1	2	3	6	8	9
3	8	1	9	6	4	7	2	5
6	2	9	5	8	7	1	3	4

8	3	7	2	1	9	4	6	5
9	5	1	4	8	6	3	2	7
4	2	6	7	5	3	8	1	9
3	7	2	9	4	1	6	5	8
5	8	4	6	3	2	9	7	1
6	1	9	5	7	8	2	4	3
7	6	5	3	9	4	1	8	2
2	9	8	1	6	5	7	3	4
1	4	3	8	2	7	5	9	6

Solutions

3	8	7	2	6	1	5	9	4
5	4	1	3	9	8	7	2	6
6	9	2	5	4	7	8	1	3
8	2	6	1	7	9	4	3	5
9	3	4	6	5	2	1	7	8
1	7	5	4	8	3	2	6	9
2	6	9	8	1	4	3	5	7
4	5	3	7	2	6	9	8	1
7	1	8	9	3	5	6	4	2

4	5	2	6	8	1	3	9	7
7	1	6	3	5	9	8	4	2
9	3	8	2	7	4	1	6	5
6	4	5	9	3	8	2	7	1
8	2	9	7	1	6	4	5	3
1	7	3	5	4	2	9	8	6
3	9	1	8	6	5	7	2	4
2	6	4	1	9	7	5	3	8
5	8	7	4	2	3	6	1	9

Solutions

4	5	2	6	9	8	3	7	1
1	6	9	3	5	7	2	4	8
7	3	8	1	4	2	6	5	9
3	7	6	9	8	5	4	1	2
8	1	4	2	6	3	7	9	5
9	2	5	7	1	4	8	6	3
6	9	3	4	2	1	5	8	7
5	4	7	8	3	9	1	2	6
2	8	1	5	7	6	9	3	4

7	4	1	6	9	5	3	8	2
9	6	3	4	8	2	1	7	5
5	8	2	7	3	1	9	6	4
1	9	6	5	7	8	4	2	3
8	3	5	2	1	4	7	9	6
2	7	4	3	6	9	5	1	8
3	1	8	9	5	6	2	4	7
4	5	9	8	2	7	6	3	1
6	2	7	1	4	3	8	5	9

Solutions

142

8	9	4	2	6	3	1	7	5
5	1	7	9	8	4	2	6	3
3	6	2	7	5	1	4	9	8
1	7	8	5	2	9	3	4	6
4	3	5	8	1	6	9	2	7
9	2	6	3	4	7	8	5	1
7	4	9	1	3	5	6	8	2
6	8	3	4	7	2	5	1	9
2	5	1	6	9	8	7	3	4

143

4	8	2	9	3	7	5	6	1
3	5	6	1	4	2	9	8	7
9	7	1	5	8	6	2	3	4
6	4	8	3	2	5	1	7	9
1	9	5	8	7	4	6	2	3
7	2	3	6	9	1	4	5	8
2	3	7	4	5	9	8	1	6
5	6	4	7	1	8	3	9	2
8	1	9	2	6	3	7	4	5

Solutions

9	5	3	4	1	6	2	8	7
1	4	7	2	8	5	9	3	6
6	8	2	3	9	7	5	4	1
8	7	1	5	2	9	4	6	3
5	3	9	8	6	4	1	7	2
4	2	6	1	7	3	8	5	9
7	6	5	9	4	2	3	1	8
3	9	8	6	5	1	7	2	4
2	1	4	7	3	8	6	9	5

2	1	3	9	6	4	8	5	7
4	6	9	8	7	5	2	3	1
7	5	8	3	2	1	9	6	4
9	7	5	4	3	6	1	2	8
6	8	2	1	9	7	3	4	5
1	3	4	5	8	2	6	7	9
5	4	6	2	1	9	7	8	3
8	2	1	7	5	3	4	9	6
3	9	7	6	4	8	5	1	2

Solutions

146

5	2	3	9	7	8	4	1	6
4	8	9	3	6	1	7	5	2
1	7	6	2	4	5	8	9	3
9	3	5	1	8	7	2	6	4
7	4	2	6	9	3	1	8	5
8	6	1	5	2	4	3	7	9
2	5	8	7	3	9	6	4	1
3	9	4	8	1	6	5	2	7
6	1	7	4	5	2	9	3	8

149

2	3	4	9	8	5	7	6	1
6	8	5	1	4	7	9	3	2
1	7	9	6	2	3	5	8	4
3	9	7	4	5	1	8	2	6
5	2	1	7	6	8	3	4	9
8	4	6	2	3	9	1	5	7
7	6	3	5	9	4	2	1	8
9	5	2	8	1	6	4	7	3
4	1	8	3	7	2	6	9	5

Solutions

9	4	6	5	2	1	7	3	8
5	7	8	9	6	3	2	1	4
2	1	3	7	4	8	9	5	6
1	6	4	8	9	5	3	7	2
7	8	2	3	1	6	5	4	9
3	9	5	4	7	2	6	8	1
6	5	9	1	3	4	8	2	7
8	2	1	6	5	7	4	9	3
4	3	7	2	8	9	1	6	5

1	3	5	2	8	9	4	7	6
7	4	8	6	1	3	9	5	2
9	6	2	4	5	7	3	8	1
5	2	4	9	3	6	7	1	8
6	7	9	1	2	8	5	3	4
8	1	3	5	7	4	2	6	9
4	5	1	7	6	2	8	9	3
3	9	6	8	4	5	1	2	7
2	8	7	3	9	1	6	4	5

Solutions

152

8	2	3	4	7	9	5	1	6
9	1	7	5	6	3	8	2	4
5	6	4	2	1	8	3	9	7
4	9	2	7	8	6	1	3	5
7	8	5	1	3	4	9	6	2
1	3	6	9	2	5	7	4	8
3	4	9	8	5	2	6	7	1
2	5	1	6	9	7	4	8	3
6	7	8	3	4	1	2	5	9

153

4	1	2	6	3	9	7	5	8
9	6	8	5	2	7	4	1	3
7	3	5	4	1	8	9	2	6
1	5	7	9	4	6	3	8	2
6	8	9	3	7	2	5	4	1
3	2	4	1	8	5	6	7	9
8	4	1	7	6	3	2	9	5
2	9	3	8	5	4	1	6	7
5	7	6	2	9	1	8	3	4

Solutions

9	4	7	8	5	2	6	1	3
3	2	5	1	7	6	8	9	4
1	6	8	4	3	9	5	7	2
8	9	2	6	1	3	7	4	5
5	1	4	9	8	7	3	2	6
7	3	6	2	4	5	9	8	1
4	5	1	3	9	8	2	6	7
6	7	9	5	2	4	1	3	8
2	8	3	7	6	1	4	5	9

5	6	4	8	7	2	9	1	3
8	7	3	9	6	1	5	2	4
1	9	2	4	3	5	7	8	6
2	4	1	5	9	6	8	3	7
7	8	9	2	1	3	6	4	5
6	3	5	7	8	4	1	9	2
9	2	6	3	5	8	4	7	1
3	1	7	6	4	9	2	5	8
4	5	8	1	2	7	3	6	9

Solutions

156

6	9	1	8	5	2	7	3	4
4	2	3	1	7	6	9	8	5
7	5	8	4	9	3	2	6	1
5	3	4	6	2	1	8	9	7
2	7	6	9	8	4	5	1	3
1	8	9	7	3	5	4	2	6
3	4	5	2	1	9	6	7	8
9	1	7	5	6	8	3	4	2
8	6	2	3	4	7	1	5	9

159

5	4	7	8	1	6	3	9	2
8	9	6	3	2	4	7	1	5
1	3	2	9	7	5	6	8	4
6	2	4	1	5	7	8	3	9
9	5	1	2	8	3	4	7	6
7	8	3	4	6	9	2	5	1
2	6	9	7	3	1	5	4	8
4	7	5	6	9	8	1	2	3
3	1	8	5	4	2	9	6	7

2	5	8	3	6	9	4	7	1
7	4	3	8	1	2	6	5	9
1	6	9	7	4	5	3	8	2
3	7	5	2	8	1	9	6	4
9	8	4	5	3	6	1	2	7
6	1	2	9	7	4	5	3	8
4	2	7	1	5	3	8	9	6
8	3	6	4	9	7	2	1	5
5	9	1	6	2	8	7	4	3

3	9	5	7	4	6	8	1	2
8	7	2	5	9	1	4	3	6
1	6	4	8	2	3	5	7	9
9	4	1	3	7	5	2	6	8
6	5	8	2	1	4	7	9	3
7	2	3	9	6	8	1	5	4
4	1	9	6	5	2	3	8	7
5	3	6	4	8	7	9	2	1
2	8	7	1	3	9	6	4	5

Solutions

162

3	2	7	5	4	1	8	6	9
9	8	1	7	3	6	5	2	4
6	5	4	8	9	2	1	3	7
7	4	8	3	2	5	6	9	1
5	6	9	4	1	8	3	7	2
2	1	3	9	6	7	4	5	8
1	9	5	2	8	3	7	4	6
4	7	6	1	5	9	2	8	3
8	3	2	6	7	4	9	1	5

165

7	8	1	3	2	6	5	4	9
3	5	6	4	9	1	7	2	8
4	2	9	7	8	5	3	1	6
1	4	3	6	7	9	8	5	2
2	7	5	1	3	8	6	9	4
9	6	8	5	4	2	1	7	3
8	1	4	9	5	3	2	6	7
5	3	7	2	6	4	9	8	1
6	9	2	8	1	7	4	3	5

Solutions

Acknowledgments

I would like to express my thanks to the following individuals:

Nicola Birtwistle, Chantal de Carvalho, Penny Clarke, Elspeth Daya, Ben Mason, Robert negri, Imogen Ridgway, Geoff Sheldon, Skye, Anne-Marie Weeden; and most importantly, Virgil, for showing me how.

www.sudoku-genius.com